U0381223

基于数字孪生水利工程
标准化建设的研究和应用

马剑波　赵　峰　陈　靓◎编著

河海大学出版社
HOHAI UNIVERSITY PRESS

·南京·

图书在版编目(CIP)数据

　　基于数字孪生水利工程标准化建设的研究和应用 /
马剑波,赵峰,陈靓编著. -- 南京 : 河海大学出版社,
2023.12
　　ISBN 978-7-5630-8560-6

　　Ⅰ. ①基… Ⅱ. ①马… ②赵… ③陈… Ⅲ. ①水利工
程建设—标准化管理—研究 Ⅳ. ①TV512

　　中国国家版本馆 CIP 数据核字(2023)第 236795 号

书　　名	基于数字孪生水利工程标准化建设的研究和应用
书　　号	ISBN 978-7-5630-8560-6
责任编辑	周　贤
特约校对	温丽敏
封面设计	徐娟娟
出版发行	河海大学出版社
地　　址	南京市西康路 1 号(邮编:210098)
电　　话	(025)83737852(总编室)　　(025)83722833(营销部)
经　　销	江苏省新华发行集团有限公司
排　　版	南京布克文化发展有限公司
印　　刷	广东虎彩云印刷有限公司
开　　本	710 毫米×1000 毫米　1/16
印　　张	16
字　　数	271 千字
版　　次	2023 年 12 月第 1 版
印　　次	2023 年 12 月第 1 次印刷
定　　价	98.00 元

》》》 《基于数字孪生水利工程标准化建设的研究和应用》

编 著 马剑波 赵 峰 陈 靓

参 编 朱晓冬 毛 思 左 翔 黄天增 纪纯锋

郭守飞 赵 君 许如一

前言

PREFACE

　　江苏省秦淮河水利工程管理处坐落在"六朝古都"——南京的城南,毗邻南京夫子庙风光带。其始建于 1962 年,隶属江苏省水利厅,是全民事业性质的工程管理单位。主要负责秦淮河流域秦淮新河水利枢纽、武定门水利枢纽两座大中型骨干水利工程及管理范围内堤防的管理,承担着秦淮河流域防洪排涝、抗旱和南京市城南地区的排涝、城区防洪、"引江换水"等综合利用任务;负责固城湖、石臼湖湖泊管理;承担秦淮河流域联防指挥部办公室的职责。

　　近年来,信息化成为水利现代化的显著标志,信息化水平的高低反映了一个水利工程管理单位的现代化水平。江苏省秦淮河水利工程管理处为提高工程管理水平,深入推进信息化建设,基于水利工程管理实际,科学运用信息化技术,对提升水利工程管理工作现代化具有积极影响。当前,水利信息化建设也暴露出一定的问题,水利信息化建设中存在条块分割、信息孤岛、智能应用不足、长效机制缺失等问题,这些问题成为进一步推动信息化建设的瓶颈。为进一步提升水利工程的信息获取、时间掌控和决策管理能力,努力使水利工程事态感知更加立体准确、治理行动更加科学高效、管理行动更加精细全面,推动水利工作向数字化、网络化、智能化方向转型升级,充分利用大数据、人工智能、数字孪生等新一代信息技术。同时,管理处围绕"统一技术架构、强化资源整合、促进信息共享、保障良性运行"的信息化建设目标,利用先进的信息技术,构建了技术领先、实时有效、稳定可靠的信息化体系,建成资源共享服务平台,达到了"信息采集全面覆盖、调度运行管理高效、信息共享方便快捷"等建设目标,解决了当前信息化建设中存在的共性问题,特别是通过多个业务管理系统的信息化建设极大地推动了工程管理现代化水平。

　　本书编写的目的是为水利工程管理单位的信息化建设提供参考。在编写本书的过程中,编写组多次邀请高校、科研院所的专家进行交流、讨论,对所管工程和相关职能科室的信息化建设情况进行全面调查,认真总结管理处信息化建设的成果,以促进水利工程数字化、网络化、智能化水平全面提升,提高省属水利工程标准化、规范化、精细化管理能力,树立水利工程管理示范样板。

目录

CONTENTS

第一章
基本情况

　　秦淮河流域地处北纬 31°35′～32°07′,东经 118°43′～119°18′,呈蒲扇形,长宽各约 50 km,从北源至三汊河全长 110 km,全流域面积 2 631 km²,内外秦淮河合流之后的武定门闸处多年平均流量为 15 m³/s。此外,在江宁东山与长江之间于 1980 年新辟一条 17 km 长的秦淮新河,是 1981 年建成的人工河道,经西善桥到金胜村入江,河口设节制闸和抽水站(即秦淮新河水利枢纽)。气候温和,四季分明,雨量充沛,日照充足,无霜期达 9 个月。年平均气温 15～16℃,最高气温 43℃,最低气温－14℃。年平均降雨量 1 038 mm、蒸发量 1 021 mm。全年有三个明显的多雨期,即 4—5 月春雨,6—7 月梅雨,8—9 月台风秋雨,季风特征明显,易受台风袭击。流域地形呈锅形,四周为丘陵山区,占 80%;中间腹部为低洼圩区和河湖水面,占 20%。地势从南向北倾斜,上游坡度和扇面大,中下游坡度缓,共有大小 16 条支流汇入,是一个典型的一干多支树状河道。支流大多为山丘河道,具有源短、坡陡、流急、汇流快的特点,出口处又受江潮顶托,造成排水不畅,历史上洪涝灾害不断。

　　流域内现辖涉及南京市主城四区、雨花台区、栖霞区、江宁区、溧水区和镇江市的句容市、丹徒区。秦淮河具有行洪、航运、灌溉供水、城市景观等综合功能。

　　江苏省秦淮河水利工程管理处(以下简称秦淮河管理处)成立于 1962 年,是江苏省水利厅直属工程管理单位,现有在职职工 152 人,负责秦淮新河、武定门两座秦淮河流域大中型控制性水利枢纽的运行管理,承担秦淮河流域防洪减灾、抗旱灌溉、城市排涝、水环境改善、航运保障和石臼湖、固城湖管理与保护等任务。

近年来,秦淮河管理处坚持以习近平新时代中国特色社会主义思想为指导,在江苏省水利厅党组的正确领导下,把握江苏水利改革发展总基调,着眼秦淮河流域水生态文明建设,坚持走秦淮特色生态治水之路,为秦淮河流域尤其是省会南京经济社会发展提供更加安全可靠的水利支撑,为新阶段江苏水利高质量发展做出了新贡献。秦淮河管理处被中央文明委授予"全国文明单位"荣誉称号,被江苏省委评为"江苏省先进基层党组织",获得江苏省省级机关"服务高质量发展先锋行动队"、一星级全国青年文明号集体、全国水利系统"七五"普法先进集体等荣誉,以优异成绩通过水利部水利工程管理单位、水利安全生产标准化一级单位考核验收,通过江苏省首批水利工程精细化管理单位考核验收,连续8届获评"江苏省文明单位",连续5届获评"全国水利文明单位","大美秦淮"志愿服务项目连续2次荣获全国银奖。全处实现了工程运管能力强、防灾减灾效益佳、"两湖"生态复苏快、科技创新成效好、水情教育成果丰、发展后劲积蓄足的良好态势,打造了江苏水利新阶段高质量发展的"秦淮河样板"。

围绕新时代治水理念,为生态河湖建设提供多维、动态精准的信息服务,以及快速、科学、优化的决策支持。通过"智慧水利"的建设,解决水利信息化建设存在的条块分割、信息孤岛、智能应用不足、长效机制缺失等问题,进一步提升河湖的信息获取、事件掌控和决策管理能力,努力实现河湖事态感知更加立体准确、治理行动更加科学高效、管理行动更加精细全面,以推动水利管理工作朝数字化、网络化、智能化方向转型升级,为推进水治理能力现代化提供强大动力。

1.1 背景

随着国民经济和社会的快速发展,对水利工程精细化管理水平的要求越来越高,对水利业务应用中的综合分析、决策支撑能力的需求越来越强,对水利信息化资源整合与共享的需求越来越迫切。

2021年,水利部印发《关于大力推进智慧水利建设的指导意见》,明确提出到 2025 年要建成七大江河数字孪生流域,并相应提出了建设数字孪生流域、构建"2+N"水利智能业务应用体系、强化水利网络安全体系等三项主要任务。其后,水利部又先后印发了《智慧水利总体方案》《数字孪生流域建设技术大纲(试行)》《数字孪生水利工程建设技术导则(试行)》《水利业务"四预"基本技术要求(试行)》《数字孪生流域共建共享管理办法(试行)》等系列技术指导性文件,江苏省及水利厅也相应出台了《江苏省"十四五"水利发展规划》《江苏省"十四五"新型基础设施建设规划》《江苏水利数字化转型三年行动计划》《关于加快推进厅属管理单位和水文系统现代化建设的若干意见》等文件,明确要求各省属水利工程要大力推进信息化建设,以带动工程运行管理现代化,而且提出了信息化建设的任务责任清单、时间表、路线图。

近年来,江苏省水利工程管理工作以规范化、法制化、现代化为引领,积极推行水利工程管理考核工作,初步建立了较为系统、规范的工程管理体系。在水安全保障、水资源供给、水环境保护和水生态文明建设等方面发挥了重要作用。2016 年,江苏省水利厅发布了《江苏省水利工程精细化管理指导意见》,要求各地、各水利工程管理单位要结合实际,将精细化管理与工作实践紧密结合,制定精细化管理目标任务和推进措施。2022 年,水利部发出《关于推进水利工程标准化管理的指导意见》,其中明确指出要推进工程管理信息化智慧化,建立工程管理信息化平台,工程基础信息、监测监控信息、管理信息等数据完整、更新及时,与各级平台实现信息融合共享、互联互通;整合接入雨水情、安全监测监控等工程信息,实现在线监管和自动化控制,应用智能巡查设备,提升险情自动识别、评估、预警能力;网络安全与数据保护制度健全,防护措施完善。

随着计算机和信息技术的迅速发展,通过计算机管理系统对设备进行数字化管理已经成为当前设备管理的发展趋势。水利枢纽标准化管理平台是一种紧密结合省厅规范要求的计算机管理工具,它将先进的计算机软硬件技术、网络通信技术和管理信息技术融入精细化管理中,对设备日常运行及维护、检修及检修所需的各种资源进行全面管理,提高了设备维护的效率和活力。它是管理工作的信息和通信支持系统,也是综合自动化系统的一个重要组成部分。

秦淮河管理处把握这一发展机遇,按照"需求牵引、应用至上、数字赋能、提升能力"的要求，以数字化、网络化、智能化为主线，以提升"精密监测、精细管理、精准调度"能力为重点，以数字化场景、智慧化模拟、精准化决策为路径，以构建数字孪生水利工程为核心，全面推进算据、算法、算力建设，加快构建具有"预报、预警、预演、预案"功能的智慧体系，为新时期江苏水利高质量发展提供有力支撑和强力驱动。

1.2　秦淮河管理处现状

1.2.1　基础设施现状

1.2.1.1　信息化现状

多年来，秦淮河管理处重视信息化发展机遇，积极筹措经费进行了信息化探索应用，开展了以工程管理、自动控制、数据采集、运行监视和调度管理为主的信息化体系建设尝试，建设情况包括通信网络、现场感知和控制体系、信息基础设施、信息资源管理、业务应用系统和网络安全防护等。

1.2.1.2　信息化通信网络

管理处与下属管理所实现 100 M 数字电路连接（采用星形网络结构组网，管理处为中心节点，各管理所为分散节点），各工程管理所建设了工控、视频、业务 3 个通信网络，并通过 100 M 数字电路（一主一备）进行连接。

1.2.1.3　现场感知和控制体系

目前，处属 4 座水利工程已经建成自动化监控系统，实现了对高低压电气设备、主机组、闸门、真空破坏阀、辅机等设备的自动控制，并实时监测电流、电压、温度量、摆度等参数；已经建成视频监视系统，对水利工程的上下游、主厂房及机电设备等关键部位和重要设施进行实时监视。秦淮新河、武定门已经建成水情遥测系统，实现了水利工程上下游引河、进水池、出水池、拦污栅前后水位的自动采集。

水利工程已经建成安全监测（自动）系统，主要实现了测压管数据的自动监测,极个别实现了垂直位移、河床横断面、伸缩缝等数据的自动监测。

1.2.1.4 信息基础设施

1. 标准化数据机房

秦淮河管理处建立了标准化数据机房。机房现配有网络防火墙、入侵防御、网闸、三层交换机、二层交换机、路由器等网络设备和机柜、消防、电源、空调等动环设备。

2. 计算存储资源

秦淮河管理处搭建了私有云,配置了 12 台物理服务器,用以存储计算资源,并进行异地常态化多重备份。

1.2.1.5 信息资源管理

江苏省水利厅制定了信息资源目录,提出了信息资源整合要求。

1. 基础数据

秦淮河管理处可查询其管辖的工程名称、功能、工程规模、设计流量、装机台数及容量、设备参数等数据信息。

2. 地理空间数据

地理空间数据分为水利水系矢量图和影像图,主要包括:行政区划,河流水系,管理范围线、保护范围线,道路交通,建筑物,全要素图等。

3. 监测数据

实现了处属水利工程的闸门开高、孔数、水位、流量、开机台数、电压电流、温度、振动、视频等监测数据的集中采集、存储和展示。

4. 业务数据

已建成精细化管理平台,可实现包括检查观测、调度操作、隐患排查、维修养护、教育培训、安全生产等数据的查询与管理。

1.2.2 应用系统现状

已建设 OA 办公系统、门户网站、档案管理、工程精细化管理、工程管理、安全管理、工程观测、移动 APP 等。

秦淮河管理处已建业务管理系统见表 1-1。

表 1-1　管理处信息化建设统计表

管理处名称	视频会议	办公OA	门户网站	档案管理	合同管理	专项经费管理	职工教育	河湖管理	精细化管理(一体化管理)	调度管理中心	信息化管理平台(监测、视频)	标准机房	计算存储资源
江苏省秦淮河水利工程管理处	√	√	√	√					√			√	√

近年来,秦淮河管理处加速推进网络安全的建设,网络安全得到了极大的提升。根据实际需要,管理处门户网站及办公 OA 等系统均已通过二级等保测评、工业控制网络孤网物理隔离运行,所有系统均定期开展漏洞扫描检测。

1.2.3　运维管理现状

目前,秦淮河管理处信息化系统软硬件设备(包括网络设备、服务器设备、安全设备、存储设备、应用软件系统等)均委托专业队伍进行维护保障。

1.2.4　存在问题

秦淮河管理处水利工程信息化经过多年富有成效的建设,为提高水利工程防汛抗旱和水资源管理现代化水平提供了强有力的信息技术支撑。但是,与江苏省水利现代化的需求相比,与整个流域防汛减灾体系建设的要求相比,与新一代信息技术的发展相比,水利信息化架构体系、资源有效共享、业务协同合作的局面尚未形成,还难以对流域防汛抗旱、水资源管理等工作提供调度决策和服务支撑,尚存在一些突出问题和薄弱环节,主要表现在以下五个方面。

1.2.4.1　信息化业务应用水平不高

在管理决策方面:对水利工程的运行监测、预警预测、应急响应等能力建设不足,尚未形成精准化管理和知识化决策应用,优化调度、健康诊断、管理决策分析能力不够,水利工程业务应用的智能化水平不高。

在深度开发方面:管理处已建的大部分业务应用系统或工程自动化系

统,普遍侧重基本业务处理的需求,对新兴信息技术的融合应用不足,结合水利业务的开发深度不够;已有的应用系统仍以数据存储、查询、浏览等基本应用为主。

1.2.4.2　信息化资源尚未全面整合共享

应用系统整合共享方面:管理处已建的信息化应用系统都是独立开发建设、以各自应用为主,尚未建成一个统一的管理平台,未能有效整合;应用系统共享和业务协同考虑不足,应用系统的整体优势和规模效益难以充分发挥。

数据资源整合共享方面:管理处建设的信息化系统各自数据标准不统一、信息孤岛依然存在,数据共享机制不完善,没有形成数据的科学管理模式,数据治理、数据管理服务能力有待提高;在调度管理中心尚未实现管辖范围内的水情、雨情、工情、水资源、视频监视等信息的集中存储和显示。

1.2.4.3　信息化建设尚未形成完整架构体系

管理处水利工程信息化通信网络架构尚不完善,网络带宽不够、可靠性不高、新技术应用不足,不能满足水利工程的精密监测、精准调度、精细管理的需求。

管理处水利工程的信息化建设尚未形成完整的总体架构和体系,后期的运行维护和系统集成存在较大困难,还需大力推进信息化的总体规划、顶层设计、标准化建设。

1.2.4.4　信息化网络安全防护能力薄弱

网络安全架构不完善,网络安全防护软硬件措施不到位,对远程命令执行、信息泄露等漏洞监管检测手段不多、监管能力不足。

水利工程自动化监控系统国产化程度不高,初始密码或弱口令、SQL 注入、任意文件上传、系统/服务器补丁不及时等隐患还在一定程度上存在。

尚未建立网络安全态势感知系统,无法获取准确的危险预警和态势分析,未形成主动防御体系。

1.2.4.5 现场感知和控制体系功能不完善

处属 4 所水利工程的自动化监控系统、视频监视系统、水情遥测系统、安全监测（自动）系统基本都是在不同时期、由不同单位、在不同项目中建设的，存在数据采集不够全面，自动监测、控制功能不完善，采集控制、通信网络、存储计算等设备技术落后、老化严重、故障多发等问题，难以有力支撑水利高质量发展的要求。

第二章
总体建设思路

2.1 总体框架

整体系统建设采用三层架构模式,即数字孪生平台层、信息化基础设施层、应用服务层,同时实施网络安全体系及保障体系建设。

2.1.1 数字孪生平台层

该层包括数据底板、模型库、知识库。数据底板构建省属水利工程基础信息、实时信息的数字孪生底板,建立工程 L3 级数据模型,对接智能中枢平台,共享共建数据仓。模型库主要构建水利工程调度模型,对接省级智能中枢平台,共享共建模型仓。知识库主要构建水利工程知识平台,对接省级智能中枢平台,共享共建知识仓。

2.1.2 信息化基础设施层

该层包括水利感知网、水利信息网及水利计算资源存储,其将作为广泛覆盖、万物互联、稳定可靠的智慧水利强基础的重要组成部分,为构建具备数据、地图、仿真模拟、门户、应用、物联资源等服务能力的智慧水利大平台提供基础能力,为智能协同、信息贯通的工程运行管理业务提供服务协同。

2.1.3　应用服务层

该层包括构建支撑 2＋N 智慧水利应用体系的省属水利工程精细化管理、工程运行控制、工程安全监测等运行管理业务系统,构建管理处智慧泵站、智慧水闸等智慧应用系统,构建水利工程综合展示数据一张图平台,结合省级智能中枢平台构建水利工程精细化业务仓。

2.1.4　网络安全体系

网络安全体系主要包括网络安全组织管理、安全技术、安全运营、监督检查以及数据安全等。

2.1.5　保障体系

保障体系主要包括管理制度、运维保障、标准规范等。

通过水利工程运行管理信息化架构系统建设,增强管理处存储和计算能力,健全数据资源池,实现信息资源高效共享,建设集水利工程运行管理信息应用服务、数据开放共享、统一运行维护等功能于一体的水利工程运行管理信息化系统,推动以数据驱动的水利工程运行管理业务。

2.2　主要建设内容

省属水利工程运行管理信息化系统建设主要包含:水利信息化应用体系、工程管理服务平台、数据资源、计算资源、网络安全与保障体系、信息化基础设施,强化条线贯通、业务协同,全面提升信息化应用水平。建设总体框架如图 2-1 所示。

2.2.1　主要功能

(1)通过建设工程管理应用系统实现工程管理、工程检查、工程观测、安全生产、移动应用、综合管理、数据管理等功能。

(2)通过建设处级统一服务平台实现水利工程管理一张图、视频管理中心、服务支撑、中间件等通用服务功能。

(3)通过建设水利私有云、部署数据资源池,实现数据的汇聚、治理、存

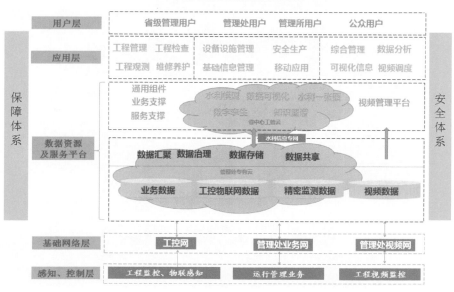

图 2-1

储、应用、共享等功能。

（4）通过强化水利专网、工控网、视频网的建设，实现远程调度、数据传输、视频监视、视频会商的传输功能。

（5）通过升级改造感知控制体系实现对水利工程的全面感知、精密监测、自动控制与视频监视、视频会商、移动 APP 应用等功能。

2.2.2　业务服务

紧密围绕江苏省省属水利工程管理处运行管理信息化总体建设需求，以运行监督、工程运行、工程检查、工程观测、设备管理、安全生产、维修养护、综合管理等水利工程核心业务为重点，全面深化水利工程业务应用。业务总体框架如图 2-2 所示。

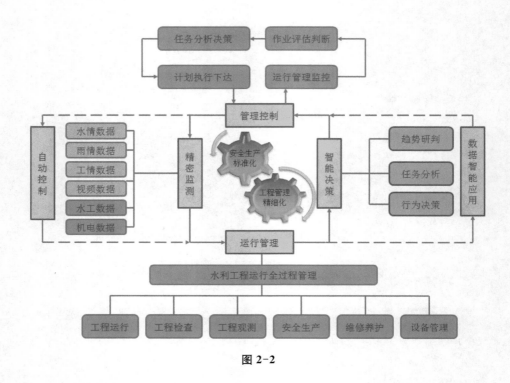

图 2-2

3.1 数字孪生应用

3.1.1 智慧水文

3.1.1.1 建设背景

秦淮河水利工程管理处负责秦淮新河、武定门两座秦淮河流域大中型控制性水利枢纽的运行管理，承担秦淮河流域防洪减灾、抗旱灌溉、城市排涝、水环境改善、航运保障和石臼湖、固城湖管理与保护等任务。2019年，全国水利工作会议把信息化工程列为四大工程短板之一，并强调强大的信息化平台是强监管的重要支撑，各级领导也多次强调信息化对于水文行业的重要性。2023年正是由信息化工程向数字化工程、智慧化工程转变的重大拐点，"互联网＋"时代已悄然来临，云计算、大数据等新媒体正逐步取代传统计算方式，影响着人们的工作和生活。越来越多的党政部门正逐渐改进传统工作、宣传方式，逐步与互联网挂钩，不断推陈出新，建立高效便民的工作机制。

当前越来越多的新型设备，已被广泛运用于日常水文工作中，如无人机、ADCP测流等，展现了水文服务的新篇章，展现了水文服务的新速度。在这个新媒体快速发展的时代，探索建立一套以大数据应用为基础，综合运用互联网、云计算、人工智能等技术，建设智慧化的综合水文服务系统就显得尤为重要，以避免出现各监测系统各自为战，在功能上受地域限制，在数据上不能互联互通，信息资源上难以实现共享的尴尬局面。

3.1.1.2 设计思路

秦淮新河智慧水文平台通过水情、雨情、工情数据的汇集接入，工程建筑的精细化建模，以及数字孪生场景的搭建，实现了真实环境状态动态仿真，在系统中完成了所见即所得。同时系统接入了无人机自动巡航平台，通过无人机自动机场的支撑，实现了无人机按照设定的巡航路线和时间，自动执行巡航任务，结合人工智能识别技术核对巡航过程中的重点区域进行 AI 识别告警。平台整体按照"整合已建、统筹在建、规范新建"的要求，注重信息化资源整合与共建共用，按照"自上而下设计、自下而上实施"的原则，对建设标准进行统一要求，为资源整合、信息共享和业务协同奠定基础。

3.1.1.3 系统功能

1. 可视化展示一张图

展示秦淮新河水文站的水文概况、雨情统计、水情统计、AI 事件概览、秦淮新河断面图和实时视频等总体信息。

（1）水文概况

展示秦淮新河水文站详细信息，包括测站编码、流域名称、水系名称、河流名称等（图 3-1）。

图 3-1

（2）雨情统计

左侧展示今年累计、汛期累计、本月累计、今日累计降雨信息，右侧通过折线图的形式展示左侧选中模块的降雨详情信息，通过选择不同日期，展示当前雨情信息与历史雨情信息，如图 3-2、图 3-3 所示；点击左侧不同模块可对统计图进行切换，可查看今年累计、汛期累计、本月累计和今日累计情况，如图 3-4、图 3-5 所示。

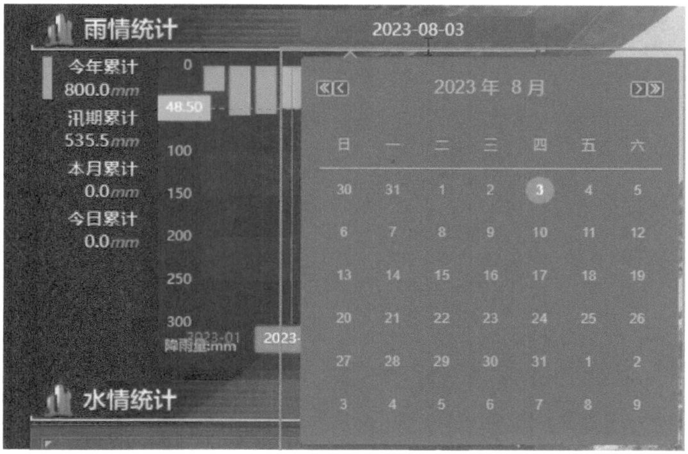

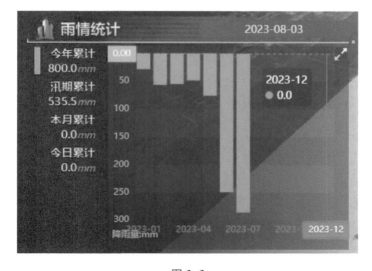

图 3-2

图 3-3

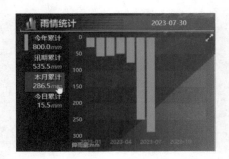

（a）今年累计　　　　　　　　　　（b）本月累计

图 3-4

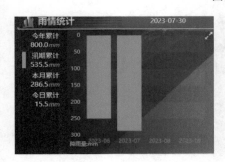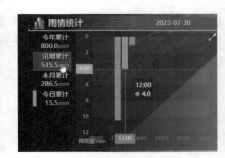

（a）汛期累计　　　　　　　　　　（b）今日累计

图 3-5

（3）水情统计

自动轮播秦淮新河水文站历年最高、最低水位柱状图和秦淮新河水文站今日闸上、闸下水位折线图，可进行手动切换，同时支持时间选择（图 3-6、图 3-7）。

图 3-6

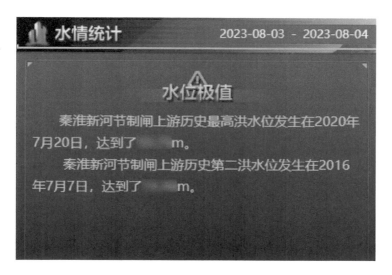

图 3-7

（4）AI 事件概览

以告警来源作为筛选项，分别为监拍设备图像人工智能识别算法赋能和无人机图像人工智能识别算法赋能实时识别隐患信息，如人员入侵、河面漂浮物、非法船只、水尺识别的统计数量，点击每个模块可以查看详情信息。

点击告警来源下拉框的监拍设备，选择"监拍装置"（图 3-8），点击图 3-8 中的"人员入侵"模块，展示的效果如图 3-9 所示。

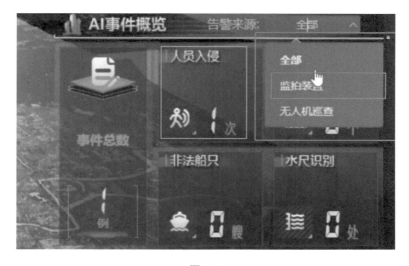

图 3-8

图 3-9

（5）秦淮新河断面图

展示秦淮新河水文站断面图信息和该断面的实时水位信息，点击可快速定位地图位置（图 3-10）。

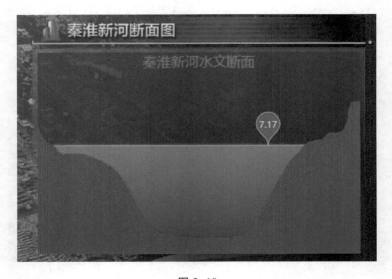

图 3-10

（6）实时视频

支持自动播放秦淮新河水文站实时视频（图 3-11）。

图 3-11

2. 数字水文站

通过精细化建模，对秦淮新河水文站进行真实还原，同时接入现场雨量观测场的实时数据，红框 1 处为智慧水文站精细化建模，红框 2 处为无人机机场精细化建模，红框 3 处是雨量站精细化建模。点击红框内白色区域即可放大模型进行查看（图 3-12）。

图 3-12

（1）智能机器人

进入秦淮新河水文站,智能机器人自动介绍秦淮新河水文站,同时支持快速问答(图 3-13)。

图 3-13

（2）智慧水文站

点击图 3-14 中红框内的白色光点即可进入水文站内部。点击图 3-15 红框处,则显示展示牌上的具体内容。

图 3-14

图 3-15

　　点击图 3-16 中红框内的摄像头即可展示监控摄像头的实时图像,如图 3-17 所示。

图 3-16

图 3-17

（3）数字雨量场

对现场的雨量观测场、称重式雨量计、翻斗式雨量计、普通雨量计进行精细化建模，接入翻斗式雨量计的实时监测数据（图 3-18）。

图 3-18

点击翻斗式雨量计,可以查看今日降雨总量和今日降雨趋势图(图3-19)。

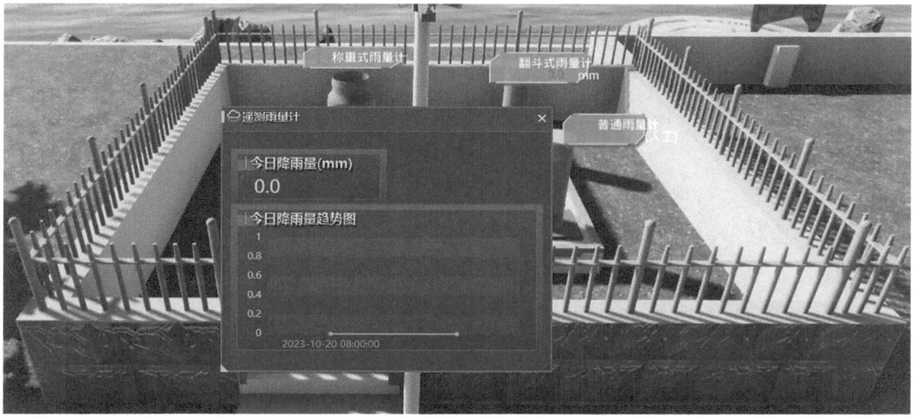

图 3-19

3. 无人机

点击无人机自动机场(图3-20),可进入无人机操作界面。

图 3-20

4. 流域一张图

通过快捷搜索,可在流域一张图上展示雨量站、堰闸站和重点位置信息(图3-21)。

图 3-21

选择重点位置中的抽水泵站,地图可快速定位到秦淮河所辖抽水泵站的位置,同时在孪生场景上展示机组运行情况和流量信息(图 3-22)。

图 3-22

选择重点位置中的上游水位计量亭,地图可快速定位到秦淮新河上游水位计量亭的位置,同时在孪生场景上展示当前的水位信息(图 3-23)。

图 3-23

3.1.2 数字秦淮新河

3.1.2.1 建设目的

为切实提高秦淮新河闸运行管理标准化管理水平,全面提升各级主管部门对工程运行管理的监管能力,实现工程数据随查随用、工程状态可查可控、管理行为动态监管、事项办理数字留痕,不断提升秦淮新河闸专业化、精细化、标准化、数字化管理水平,确保工程运行安全并充分发挥效益。

3.1.2.2 设计思路

1. 感知体系融合

结合秦淮新河闸工程感知体系建设现状,按照水利工程监测需求,接入其雨量、水位、水量、流量、渗压、变形观测、水质、闸门启闭、视频监控等设施数据进行统一展示。

2. 工程运行数据融合

结合工程闸门、泵站自动化控制建设现状,按照相关规范规定结合实际管理需求,连接自控设备实现闸门、泵站的运行状况展示。

3. 数字孪生建设

通过对秦淮新河闸建设倾斜摄影、三维建模,实现前端监测数据与虚拟模型之间的融合展示,实现所见即所得,支撑运行管理应用。

4. 水利工程运行管理应用

在数字孪生水利工程数据底板基础上,充分结合现有信息系统,以工程安全为核心目标,建设可视化展示一张图、水利工程运行管理等业务应用。

3.1.2.3 系统功能

1. 可视化展示一张图

数字孪生秦淮新河水利枢纽运行管理平台首页基于数字孪生平台构建的水利工程数字化场景,直观展示视频监控、水位水量监测、降雨量监测等监测站点信息(图 3-24);实现基础地理信息数据、业务数据、专题数据等多源异构数据融合。依托二三维一体化平台,实现水利工程管理全要素的汇总指标信息,也可随时查阅各工作领域的实时工作进度和汇总对比情况,为决策层提供全局性支撑数据。

图 3-24

2. 工程运行管理

(1)工程概况模块

工程概况模块位于管理平台首页,主要包含秦淮新河水利枢纽闸门数量、宽度、水闸跨度、水位差、瞬时流量、年度引水和责任人信息等信息的呈现，其中责任人信息包括姓名和联系电话。工程概况详情查看见图 3-25。

图 3-25

（2）查看工程概况详情

通过点击图 3-25 中红色框内按钮，即可进入工程概况详情，工程概况主要包括工程信息与水工特征两部分。通过点击"工程信息"和"水工特征"按钮，可查看秦淮新河水利枢纽工程信息和水工特征。

（3）工程信息

工程信息结合地理学与地图学以及遥感和计算机科学，以 GIS 地图服务为基础，对水利工程信息进行可视化的展现，将获取、梳理、关联后的信息进行集中展示，使水利工程位置、流域面积、除险加固时间等数据更直观的呈现。其主要以倾斜摄影为背景，针对当前江苏省秦淮新河水利枢纽情况进行说明，如图 3-26 所示。

（4）水工特征

水工特征主要是对水闸和泵站工程的基本信息进行呈现，如图 3-27 所示。水利工程中各种水工建筑物都是在难以确切把握的气象、水文、地质等自然条件下进行施工和运行的，通过提出和展示水利工程特征，能更好地突出该水利工程的基本情况和复杂条件。

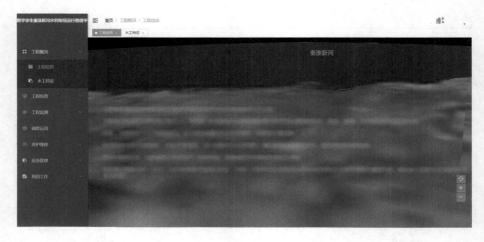

图 3-26

图 3-27

3. 工程监测模块

工程监测模块主要将秦淮新河水利枢纽在管理过程中前端感知设备采集到的水情、雨情、大坝渗压和位移等数据进行呈现。

（1）查看工程监测详情

工程监测模块将传统数据进行可视化展示，通过点击图 3-28 中红色框内按钮即可查看工程监测详情页面，如图 3-29 所示，主要包括渗压监测、位移监测、水情数据、降雨量数据和可视化监控数据。

（2）渗压监测

点击图 3-29 中的"渗压监测"，即可查看秦淮新河水利枢纽的渗压接入情况,如图 3-30 所示。

图 3-28

图 3-29

序号	MCU	时间	测值
1	MCU0082	2023-08-07 08:00	19.4
2	MCU0073	2023-08-07 08:00	21.6
3	MCU0081	2023-08-07 08:00	20.3
4	MCU0074	2023-08-07 08:00	20.6
5	MCU0080	2023-08-07 08:00	25.5
6	MCU0075	2023-08-07 08:00	21.6
7	MCU0079	2023-05-29 08:00	16.2
8	MCU0076	2023-08-04 08:00	20.6
9	MCU0078	2023-08-07 08:00	19.2
10	MCU0077	2023-08-07 08:00	19.2

图 3-30

（3）位移监测

点击图 3-29 中的"位移监测",通过接入秦淮新河水利枢纽现有大坝渗压、位移数据进行呈现,如图 3-31 所示。

图 3-31

（4）水情监测

点击图 3-29 中的"水情"，通过接入秦淮新河水利枢纽现有采集设备采集的上游水位和下游水位情况，并可通过开始时间和结束时间作为搜索条件进行筛选，展示当前上下游水位情况和相应采集时间，如图 3-32 所示。

图 3-32

（5）降雨量监测

点击图 3-29 中的"降雨量"，通过接入秦淮新河水利枢纽现有采集设备采集的时段降雨量，并可通过开始时间和结束时间作为搜索条件进行筛选，展示当前时间和历史时间降雨量情况，如图 3-33 所示。

图 3-33

（6）可视化监控

点击图 3-29 中的"可视化监控"下的"实时监控"，通过接入秦淮新河水利枢纽现有可视化监控设备采集图像，按照抽水泵站、节制闸和秦淮新河闸水文站进行分类。点击各部分摄像头名称，即可将该区域摄像头视角依次拉入右侧方格进行呈现，如图 3-34 所示，视频可选 1×1、2×2、3×3 方式呈现（图 3-35～图 3-37）。

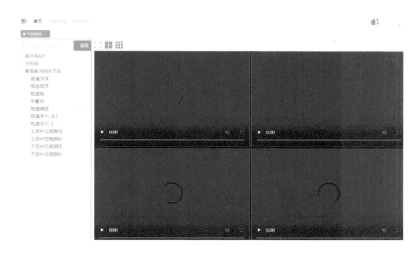

图 3-34

图 3-35

图 3-36

图 3-37

4. 养护维修

该模块主要实现秦淮新河水利枢纽的工程日常维修养护的管理,包括前端展示的养护次数统计、到期养护提醒、维修次数统计和维修合格率统计,后端是以图文方式呈现的养护维修的类型和次数、养护管理和维修管理。

(1)查看养护维修详情

点击图 3-38 中红色框内按钮,即可查看养护维修详情页面,具体见图3-39,主要包括养护维修总览界面、养护管理和维修管理三部分。

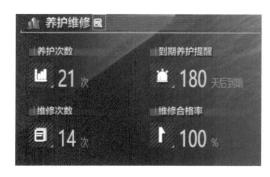

图 3-38

图 3-39

后续逐渐完善维修养护计划管理、日常养护管理、专项维养项目管理、维养经费统计等功能。

① 年度维修养护计划

提供年度维修养护计划的在线录入,追踪记录计划的上报、审批过程。

② 日常养护

根据年度维修养护计划及日常养护安排,定期对工程进行维护、检修工作,及时记录工作中发现的问题,上报领导决策,并进行事后总结和养护相关成果归档。系统可实现人工在线填报,可结合 APP 进行填报。

③ 专项维养项目管理

维修养护项目大多是由业主委托有相应资质的咨询、勘察设计单位、施工单位、检测单位等来完成,所以本部分功能主要是登记项目的基本信息,对维修养护项目全过程的文档进行管理,以电子版上传方式(相关批复文件以扫描件形式)录入系统,涵盖计划编制、计划审批、勘察设计、招投标(或委托)、项目实施、评价验收等各个阶段的项目管理工作,管理人员可方便地查阅维修养护项目管理过程中各阶段的文档并进行打印、下载。

④ 经费统计分析

查询统计年度维修经费支出情况以及工程日常养护、维修养护项目的年度统计情况，配以图表进行全面展示。

（2）总览

通过点击图 3-39 中的"总览"按钮进入相应界面，主要包含养护次数、上报次数、维修次数和维修合格率，并通过柱形图将养护类型进行直观展示，以及统计养护次数和维修次数，如图 3-40 所示。

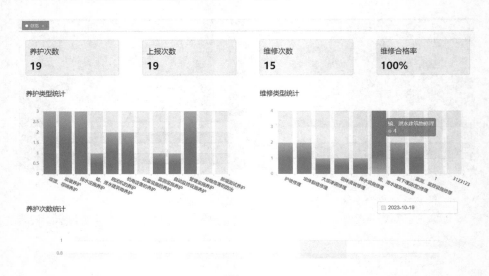

图 3-40

（3）养护管理

养护管理部分将养护名称、养护类型、养护项目、责任人、养护人、养护耗时、养护时间、养护图片、养护描述、审核状态和相应操作进行直观化展示。

（4）搜索养护记录

以养护名称、养护类型、养护人和养护时间为搜索项进行检索，输入相应内容点击"搜索"即可完成精准搜索，如图 3-41 所示。

（5）新增养护记录

点击"新增"按钮即可新增秦淮新河水利枢纽的养护数据，如图 3-42 所示；点击"新增"后，填写相关内容，再点击"确定"即可完成新增，如图 3-43 所示；新增结果呈现如图 3-44 所示。

图 3-41

图 3-42

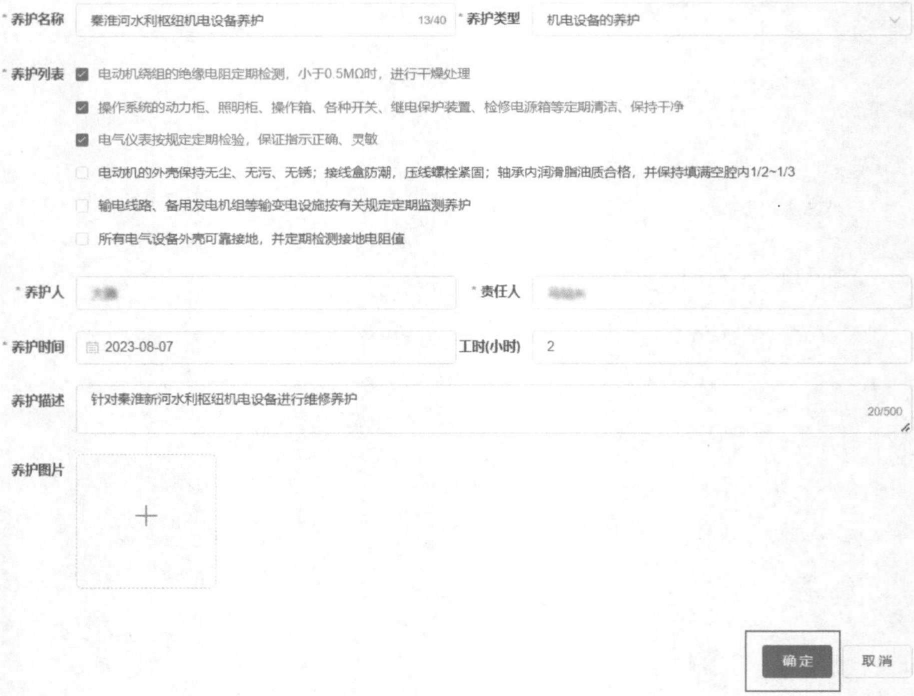

* 养护名称 秦淮河水利枢纽机电设备养护   13/40   *** 养护类型** 机电设备的养护

* 养护列表 ☑ 电动机绕组的绝缘电阻定期检测，小于0.5MΩ时，进行干燥处理

☑ 操作系统的动力柜、照明柜、操作箱、各种开关、继电保护装置、检修电源箱等定期清洁、保持干净

☑ 电气仪表按规定定期检验，保证指示正确、灵敏

☐ 电动机的外壳保持无尘、无污、无锈；接线盒防潮，压线螺栓紧固；轴承内润滑脂油质合格，并保持填满空腔内1/2~1/3

☐ 输电线路、备用发电机组等输变电设施按有关规定定期监测养护

☐ 所有电气设备外壳可靠接地，并定期检测接地电阻值

* 养护人 大勇   *** 责任人** 陈延升

* 养护时间 📅 2023-08-07   **工时(小时)** 2

养护描述 针对秦淮新河水利枢纽机电设备进行维修养护   20/500

养护图片 ＋

确定　取消

图 3-43

图 3-44

（6）修改养护记录

点击养护管理界面中养护记录的"修改"按钮，如图 3-45 所示，编辑相应修改内容后点击"确定"按钮即可完成修改，如图 3-46 所示。

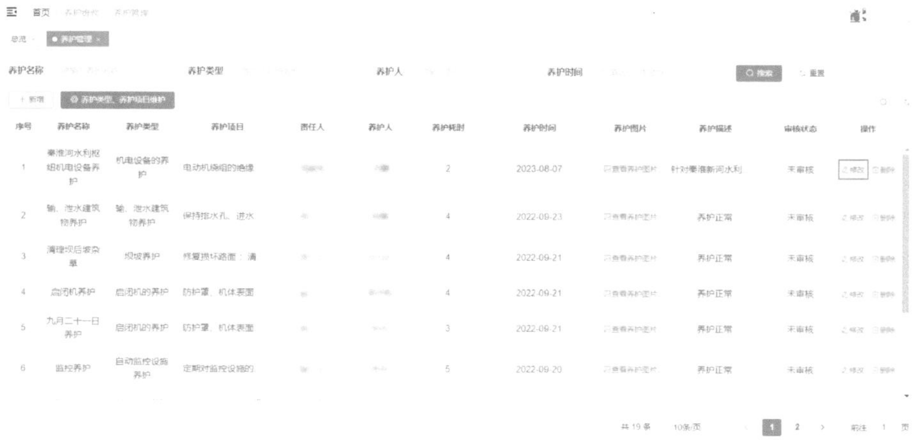

图 3-45

图 3-46

（7）删除养护记录

点击养护管理界面中养护记录的"删除"按钮，如图 3-47 所示；点击"确定"按钮即可完成删除，如图 3-48 所示。

图 3-47

图 3-48

（8）养护类型、养护项目维护

点击养护管理界面中养护记录的"养护类型、养护项目维护"按钮，如图 3-49 所示。点击按钮后，养护类型部分可按照养护类型名称进行搜索并通过"新增"、"修改"和"删除"按钮进行相应操作（图 3-50）。养护项目可按照养护项目名称和养护类型进行搜索，并通过"新增"、"修改"和"删除"按钮进行相应操作（图 3-51）。

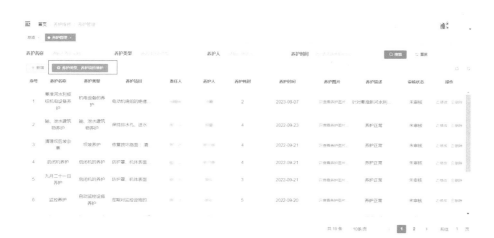

图 3-49

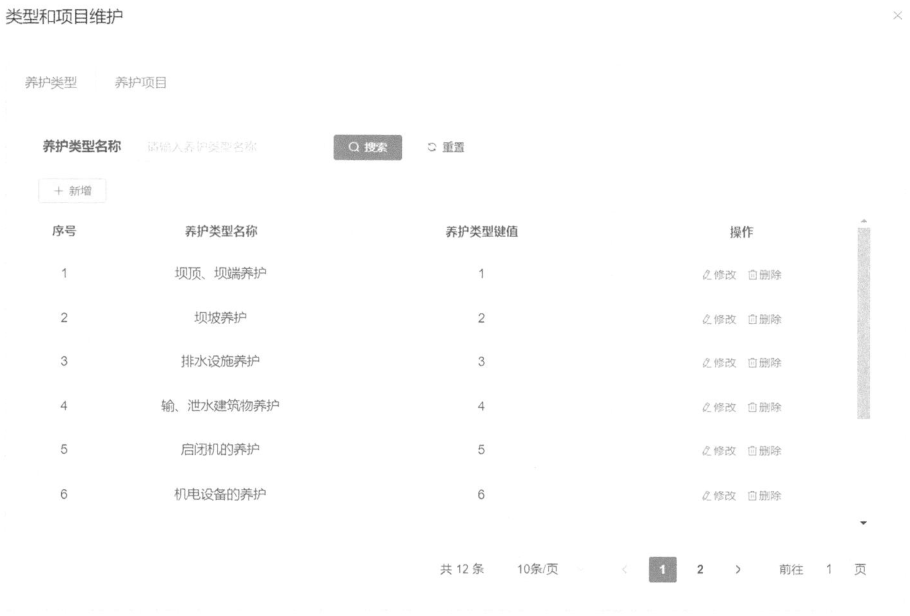

类型和项目维护 ✕

养护类型　　养护项目

养护类型名称　请输入养护类型名称　　🔍 搜索　　⟳ 重置

＋ 新增

序号	养护类型名称	养护类型键值	操作
1	坝顶、坝端养护	1	✎ 修改 🗑 删除
2	坝坡养护	2	✎ 修改 🗑 删除
3	排水设施养护	3	✎ 修改 🗑 删除
4	输、泄水建筑物养护	4	✎ 修改 🗑 删除
5	启闭机的养护	5	✎ 修改 🗑 删除
6	机电设备的养护	6	✎ 修改 🗑 删除

共 12 条　　10条/页　　< **1** 2 >　　前往 1 页

图 3-50

序号	养护项目名称	养护类型	操作
1	用相同材料填平补齐坑洼和雨淋沟	坝顶、坝端养护	修改 删除
2	保持一定的排水坡度	坝顶、坝端养护	修改 删除
3	修复损坏路面	坝顶、坝端养护	修改 删除
4	清除杂草、弃物	坝顶、坝端养护	修改 删除
5	修复或更换损坏照明设备	坝顶、坝端养护	修改 删除
6	修补防浪墙、坝肩和踏步的局部破损	坝顶、坝端养护	修改 删除

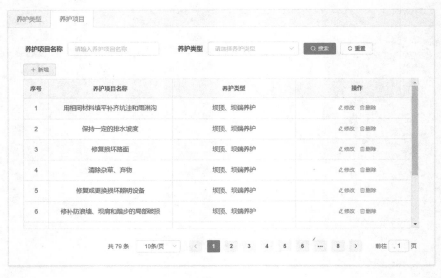

图 3-51

5. 维修管理

维修管理部分将维修名称、上报人、上报时间、维修大类、维修小类、维修项目、维修人、维修时间、维修描述、审核状态、维修状态以及修改和删除操作进行直观的展示，如图 3-52 所示。

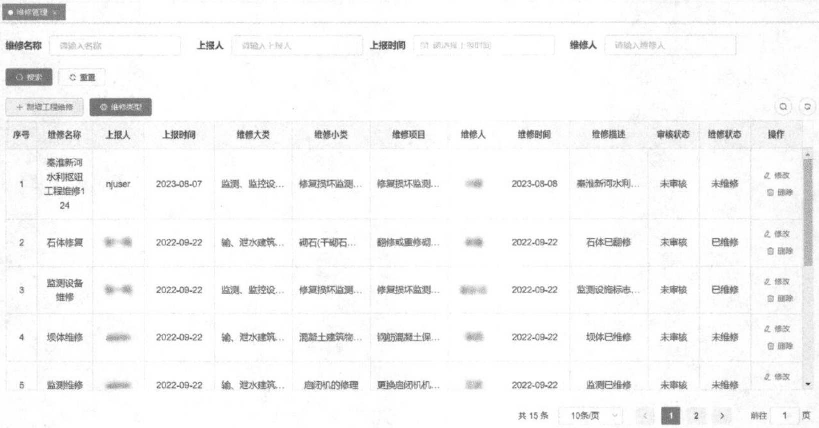

序号	维修名称	上报人	上报时间	维修大类	维修小类	维修项目	维修人	维修时间	维修描述	审核状态	维修状态	操作
1	秦淮新河水利枢纽工程维修124	njuser	2023-08-07	监测、监控设...	修复损坏监测...	修复损坏监测...		2023-08-08	秦淮新河水利...	未审核	未维修	修改 删除
2	石体修复		2022-09-22	输、泄水建筑...	砌石(干砌石...	翻修或重修砌...		2022-09-22	石体已翻修	未审核	已维修	修改 删除
3	监测设备维修		2022-09-22	监测、监控设...	修复损坏监测...	修复损坏监测...		2022-09-22	监测设施标志...	未审核	已维修	修改 删除
4	坝体维修		2022-09-22	输、泄水建筑...	混凝土建筑物...	钢筋混凝土保...		2022-09-22	坝体已维修	未审核	未维修	修改 删除
5	监测维修		2022-09-22	输、泄水建筑...	启闭机的修理	更换启闭机机...		2022-09-22	监测已维修	未审核	未维修	修改

图 3-52

（1）搜索维修记录

以维修名称、上报人、上报时间、维修人为搜索项进行检索，输入相应内容点击"搜索"即可完成精准搜索，如图 3-53 所示。

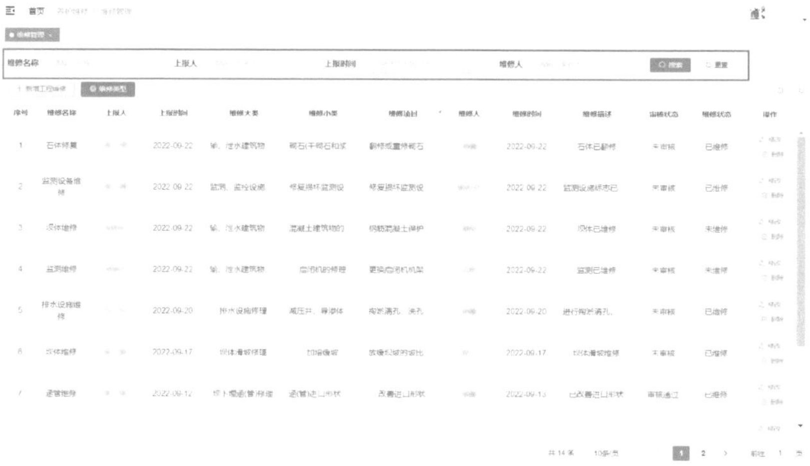

图 3-53

（2）新增维修记录

点击"新增工程维修"按钮即可新增秦淮新河水利枢纽机电设备等的维修数据，如图 3-54 所示；点击"新增"后，填写相关内容，再点击"确定"即可完成新增，如图 3-55 所示；新增结果呈现如图 3-56 所示。

图 3-54

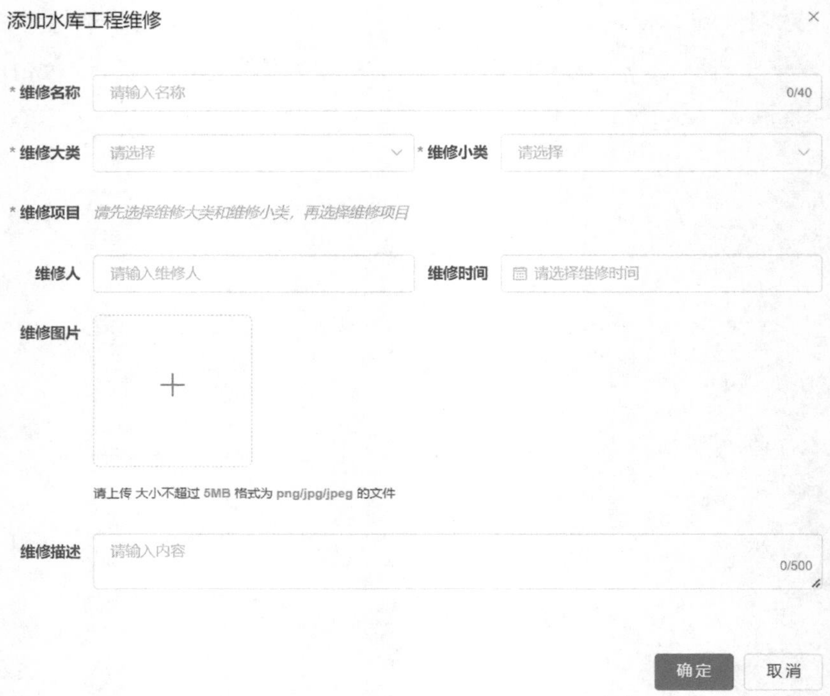

添加水库工程维修
* 维修名称
请输入名称
0/40
* 维修大类
请选择
* 维修小类
请选择
* 维修项目
请先选择维修大类和维修小类，再选择维修项目
维修人
请输入维修人
维修时间
请选择维修时间
维修图片
请上传 大小不超过 5MB 格式为 png/jpg/jpeg 的文件
维修描述
请输入内容
0/500
确定
取消

图 3-55

首页 / 养护维修 / 维修管理
新增成功
维修名称
上报人
上报时间
维修人
搜索
重置
序号
维修名称
上报人
上报时间
维修大类
维修小类
维修项目
维修人
维修时间
维修描述
审核状态
维修状态
操作
1 秦淮新河水利枢纽工程维修 2023-08-07 监测、监控设施... 修复损坏监测设施 修复损坏监测设施 2023-08-08 秦淮新河水利枢... 未审核 未维修
2 石体修复 2022-09-22 输、泄水建筑物... 砌石(干砌石和浆... 翻修或重修砌石... 2022-09-22 石体已翻修 未审核 已维修
3 监测设备维修 2022-09-22 监测、监控设施... 修复损坏监测设... 修复损坏监测设... 2022-09-22 监测设施标志已... 未审核 已维修
4 坝体维修 2022-09-22 输、泄水建筑物... 混凝土建筑物的... 钢筋混凝土保护... 2022-09-22 坝体已维修 未审核 未维修
5 监测维修 2022-09-22 输、泄水建筑物... 启闭机的修理 更换启闭机机架... 2022-09-22 监测已维修 未审核 未维修
6 排水设施维修 2022-09-20 排水设施修理 减压井、导渗体... 掏淤清孔、洗孔... 2022-09-20 进行掏淤清孔，... 未审核 已维修
7 坝体维修 2022-09-17 坝体滑坡修理 加培缓坡 放缓坝坡的坡比... 2022-09-17 坝体滑坡维修 未审核 已维修
修改
删除

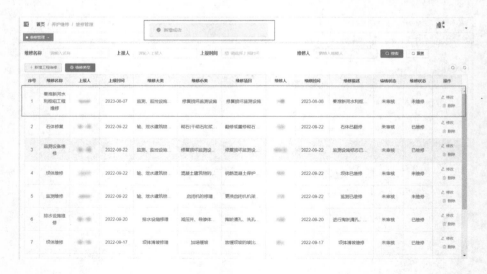

图 3-56

（3）修改维修记录

点击管理界面中维修记录的"修改"按钮，如图 3-57 所示；编辑相应修改内容后点击"确定"按钮即可完成修改，如图 3-58 所示。

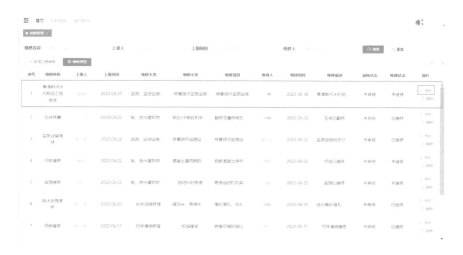

图 3-57

图 3-58

（4）删除维修记录

点击维修管理界面中维修记录的"删除"按钮，如图 3-59 所示；点击"确定"按钮即可完成删除，如图 3-60 所示。

图 3-59

图 3-60

（5）维修类型管理

点击维修管理界面中"维修类型"按钮，如图 3-61 所示；点击按钮后，维修类型部分可按照维修内容进行搜索，并通过"新增维修大类"、"新增维修小类"、"新增维修项目"和"删除"按钮进行相应操作（图 3-62）。

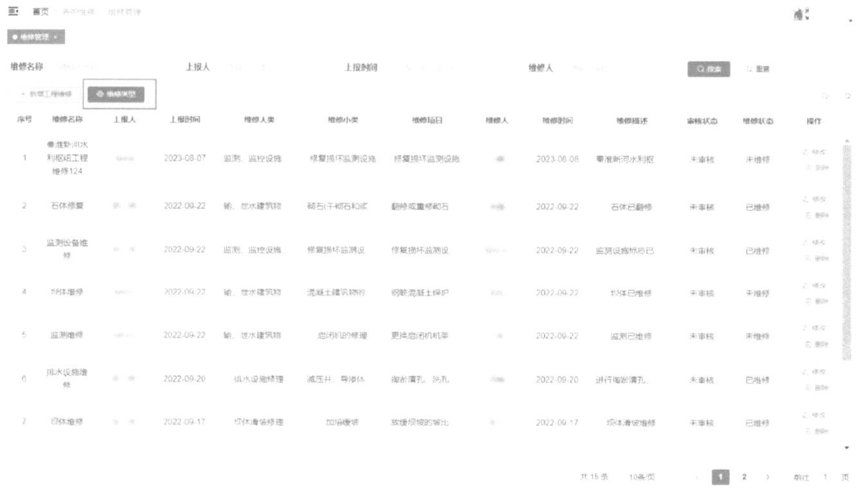

图 3-61

图 3-62

6. 队伍管理

(1) 队伍台账(图 3-63)

图 3-63

(2) 装备管理(图 3-64)

图 3-64

7. 预案管理(图 3-65)

图 3-65

8. 注册登记（图 3-66）

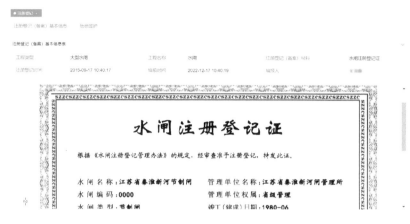

图 3-66

9. 安全鉴定（图 3-67）

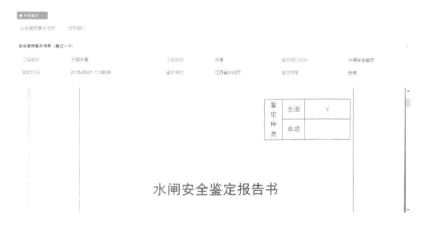

图 3-67

10. 除险加固（图 3-68）

图 3-68

3.1.3 数字武定门泵站

武定门泵站数字孪生平台是以时空数据为底座、数学模型为核心、水利知识为驱动，对武定门泵站全要素和水利治理管理活动全过程的数字化映射、智能化模拟，实现与武定门泵站同步仿真运行、虚实交互、迭代优化。

1. 数据底板

数据底板是智慧水利的"算据"。其是在水利一张图的基础上，通过完善时空多尺度数据映射，扩展三维展示、数据融合、分析计算、动态场景等功能，形成基础数据统一、监测数据汇集、二三维一体化、跨层级、跨业务的智慧水利数据底板，实现水利全要素的数字化映射。

根据工程运行管理业务对空间数据的需要，不同区域采用不同精度和类型的数据。武定门泵站 L3 级数据底板主要包括工程范围内的建筑物 BIM 模型、工程相关图纸、工程范围内的无人机倾斜摄影测量 DSM 数据和水下地形模型。

（1）建筑物 BIM 模型

BIM 模型是武定门泵站数字孪生工程建筑物、构筑物、设备设施等 L3 级数据的模型载体，也是数字孪生平台的基础信息模型，用于提供建筑物、构筑物、设备设施精确的构件尺寸、逼真的材质纹理和详细的属性信息。

本工程 BIM 模型建设的主要内容有水工结构、建筑结构、水机、电气、金结、给排水等各专业的模型。

土建模型包含水工建筑物（泵室、闸室、岸翼墙、消力池、底板、交通桥、地基处理等）、管理建筑物（管理用房）、给排水模型、场地模型（管理范围内的河道堤防、场区道路、地坪、景观设施）。设备模型包含机电设备（水泵、辅机、控制柜、起重机等）、金属结构设备（闸门、启闭机等）。

模型精度宜按对象划分为不同级别，对于工程土建、管网、一般机电设备，应构建功能级模型单元（LOD2.0）；对于闸门等关键机电设备，宜构建构件级模型单元（LOD3.0），包含其准确数量、几何、外观、位置及姿态等信息。

BIM 模型创建完毕后，对模型的构件拆分、模型深度、几何精度、属性信息、配色、材质等各个方面进行校核审查，以控制 BIM 模型成果质量。主要检查内容包括：

①BIM模型属性及信息内容完整，与设计图纸信息保持一致，模型成果深度及质量满足相关规范标准及实际业务应用的要求。

②模型构件的尺寸、空间布置、方位、高程等几何信息满足几何精度的要求。

③模型构件之间的连接、交错、利用或避让等关系无误，剔除无效体、面、线，避免模型出现"错、漏、碰、缺"等缺陷。

④模型的材质、纹理、配色符合正确性、完整性、一致性、协调性的原则，贴近现实场景纹理。

⑤模型的命名及编码格式正确，满足系统应用需求。

为便于BIM模型在数字孪生平台上流畅应用，BIM模型创建完毕后需要对模型进行轻量化处理。轻量化模型应能满足下列要求：

①轻量化模型的属性信息保留完整不丢失。

②轻量化模型的几何尺寸、结构体型、相对位置保持不变。

③轻量化模型的构件划分保持不变，能够独立选择查看。

④轻量化模型的格式及体量大小满足数字孪生平台的应用要求。

BIM模型本身承载着工程设计信息、设备采购和安装信息、资产管理信息等。在孪生平台的其他业务应用中也将挂接安全监测、视频点位、运行状态等多重信息，发挥数据底板的重要作用。

（2）GIS建设

GIS三维数字场景作为BIM＋GIS一张图平台的基础底图，是BIM＋GIS信息数据的基础载体；用于提供具有精准地理坐标的、纹理逼真的实景三维模型，形成可迭代的真实、可量测的仿真三维场景，嵌入精确的地理信息、更丰富的影像信息以满足多类型业务应用。为三维可视化场景构建提供基础的数据。

本工程GIS数据建设包括数字高程模型（DEM）和数字正射影像图（DOM）。DEM数据叠加水情、雨情、气象、工情、视频等相关数据，为实现"四预"提供基础地形数据；DOM数据为三维可视化场景构建提供基础影像数据。

建设数据对象范围为武定门泵站排涝控制区域，主要为内秦淮河流域（东至月牙湖，北至清凉山—玄武湖一线，西至内环西线，南至明城墙），总面积约为 29 km²。DEM 数据精度要求网格大小优于 15 m，DOM 数据精度要求优于 1 m 分辨率。DEM 模型每 3 年更新 1 次，DOM 模型每年更新 1 次。

（3）倾斜摄影

倾斜摄影模型是利用无人机采集工程管理范围内的地表地物数据信息，是基于无人机倾斜摄影技术构建的具有真实坐标信息、精细纹理信息与多重语义信息的实体模型。数据成果直观反映地物的外观、位置、高度等属性，为真实效果和测绘级精度提供保证。同时对重点水工建筑物进行精细化建模。

本工程采用专业无人机飞行平台搭载倾斜相机获取工程范围以及周边约 1.1 km² 的倾斜摄影数据，并制作实景三维模型。主要流程包括倾斜影像数据整理、匀光匀色、分区相对定向、像控点量测、绝对定向、模型构建、模型修饰及模型拼接等工作。

倾斜摄影模型精度优于 8 cm，局部重点区域优于 3 cm。模型每年更新 1 次。

（4）水下地形

本工程采集上、下游 200 m 范围内水下地形数据，以为水文计算提供基础数据。

测量采用单波束、多波束测深技术，采集工程管理范围内的水下地形数据。采样间隔优于 1m。水下地形每年更新 1～2 次。

（5）监测数据

武定门泵站监测数据主要分为水文监测、工程安全监测以及其他监测三大类。

水文监测包括水位监测、流量监测、雨量监测。水位、雨量监测接入现有数据库并进行整理、储存。流量监测根据工程需要补充监测设备或共享江苏省秦淮河管理处相关水文数据。数据更新频率不低于 6 分钟一次。

工程安全监测包括水工结构垂直位移监测、水泵运行状态监测、水泵温度监测、闸门运行状态监测、电气设备运行状态监测以及辅机运行状态监测。以上数据均共享现有工情系统数据。数据更新频率根据数据源判断。

其他监测主要接入水质监测数据。数据更新频率以实际测量频率为准。

（6）业务数据

业务数据主要共享现有巡检维护系统数据，接入巡检点、巡检任务详细信息。

收集工程相关图纸包含设计图纸、变更图纸以及竣工图纸。

本项目业务库的构建要考虑后期业务扩容,尤其是泵站安全监测预警业务升级、泵站日常生产运维管理等都需要构建大量业务库表。

(7)数据引擎

① 数据融合与处理

对工程数据底板的空间数据进行融合,形成二维三维一体化的高精结构化实体和数字空间,从较为单一的 GIS 数据升级为融合多源、异构、多时态空间数据,以满足应用需求。多维数据融合主要是把不同类型和精度的空间数据、监测数据以及业务数据等按照应用要求及统一规范进行系统管理,其根本目的是实现空间数据的融合,达到较好的展示效果。

空间数据包括 BIM 模型、无人机倾斜摄影、数字高程模型、无人机正摄影像、水下地形测量等,在构建数字孪生可视化场景时需要将以上类型的数据进行融合,融合需满足数字孪生 L1-L3 级数据底板间的数据层级浏览、地形交接处无缝贴合、地形与模型无缝贴合、模型与模型无缝贴合。

a. BIM 模型与 GIS 数据的融合。BIM 模型一般采用直角坐标系,而 GIS 数据采用球面坐标,因此两者在融合过程中需将 BIM 模型转换到统一的球面坐标系统。对于工程中 BIM 模型范围,需要将 BIM 模型所在区域的倾斜摄影进行镶嵌压平,对地形进行挖洞、镶嵌操作,实现 BIM 与 GIS 数据的平滑过渡。

b. GIS 数据与倾斜摄影数据融合。倾斜摄影与地形的融合会存在因数据精度不同,出现高程差异造成的遮挡现象,所以采用倾斜摄影模型高度来修改地形高度,同时修改地形网格值,实现倾斜摄影与地形衔接处的平滑过渡。

c. 监测、业务数据融合。将空间数据、监测数据、业务数据等按标准规范统一编码和映射,建立空间实体对象与业务对象间的关系连接,通过统一接口规范及索引技术实现业务数据的融合应用。业务数据融合需满足数字孪生应用中实体对象与业务数据的图形交互应用,支撑实时数据渲染、数据综合查询、空间分析应用、多维度统计分析等功能。

② 数据治理建设

数据治理通过数据汇聚、整合、管控,实现水利行业数据全局的、实时的感知、分析、研判，促进资源的有效调配和优化。数据治理提供一站式数据资源管理服务，覆盖数据架构、数据标准、数据质量、数据生命周期管理、数据可视化等多项数据管理应用，可以为水利行业各类业务应用提供全量、标准的数据。数据治理支持数据接入治理、数据分析挖掘、数据可视化，实现标准数据模型管理、应用数据模型管理、数据质量管理、数据链路分析、智能标签体系建设、业务算法模型管理及应用、全局运行维护等主要功能，提供标准化程度高、易用性强的一站式大数据管理平台。

依托数据治理，设计高质量的标准化数据模型，减少重复开发工作，数据的所有者和使用者可全面了解数据质量、数据使用情况和系统运行情况，并从业务视角更直观地使用并探索数据，更高效地从数据中获取业务价值。数据治理工作还应满足创新性与先进性、开放性与合作性、易用性与完整性、安全性与稳定性等原则。

a. 数据接入开发层

数据接入开发层的核心是数据工场，致力于为数据开发者、数据分析师、数据资产管理者打造一个开放的、具备自主开发能力和全栈数据研发能力的一站式、标准化、可视化、透明化的智能大数据全生命周期的云研发平台。数据工场赋予用户仅通过单一平台即可实现数据传输、数据计算、数据开发、数据分享的各类复杂场景组合的能力。

b. 数据融合治理层

智能数仓以业务需求为指导，充分考虑数据特点，依据数仓分层建模的方法，将数据按加工过程和逻辑层次分层，在数据标准的约束下设计标准化的领域数据模型，保证数据充分融合，提升数据的信息完整性、一致性和可用性。

系统可提供构建数据的标准和质量规则，并将其贯彻到数据质量探查、分析、保障的全过程中，将散乱的多源异构数据加工成标准、干净的数据资产，确保数据的完整性、一致性、准确性、可用性，通过客观量化评估指引数据治理工作的螺旋式上升过程。

算法服务系统基于大数据开发的数据智能应用搭建提供一站式的算法管理平台。可通过定义算法需要用到的数据格式、资源、算法输入输出、参数、启动脚本、算法包等实现算法的定义，并在输入输出格式匹配的前提下实现算法之间相互调用，形成算法流程。在定义计算实例、存储实例后，实现流程整体部署、上线,进而形成对外服务的能力。系统提供基于业务场景的流程配置,支持跨多种异构存储,以及计算平台的快速部署和复制。

数据 DNA 系统提供统一的数据资产视图,以可视化方式直观体现数据治理的价值,让数据管理人员从业务全局视角认知数据接入、融合、加工处理链路,精准定位业务应用所依赖的数据,并可输出对应的数据资产指标体系,让数据管理者了解数据资产全貌,帮助数据管理者进行数据资源的规划和分析。

c. 数据分析洞察层

智能标签系统能够将治理后的数据以业务化视角进行建模、查看、管理及使用,并提供自定义业务衍生标签的功能,为上层应用提供统一的标签数据目录和标签调用接口,支持沉淀上层应用制作的模型标签,实现高价值标签的共享复用。

画像分析系统可基于智能标签为数据分析人员、业务人员提供一站式群体分析平台。涵盖画像分析的全链路,主要包括基于标签的群体圈选、群体计算、多状态群体发布等,支持用户建立个体档案,从而实现用户对于目标群体的精准定位。

d. 数据统一服务层

数据统一服务涵盖数据查询、服务管理、服务运维;面向数据管理者具有统计分析、服务用量统计、热门数据统计分析的能力,支撑数据智能应用的高效开发。

(8) 武定门数字泵站

武定门泵站数字孪生平台是以数据中台为底座、数学模型为核心、水利知识为驱动,对武定门泵站全要素和水利治理管理活动全过程的数字化映射、智能化模拟,实现了与武定门泵站同步仿真运行、虚实交互、迭代优化。

①项目概况

进入武定门泵站数字孪生平台后,首先显示的是"流域概况"界面。可在界面右下角"图例"选项卡中勾选所需要显示的标签,点击某个水库或节点工程标签,显示工程的详细介绍(图 3-69)。

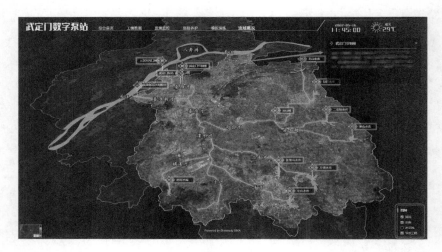

图 3-69

点击"武定门泵站"标签或点击页面上方"综合首页"选项卡,可将页面切换至综合首页界面(图 3-70)。

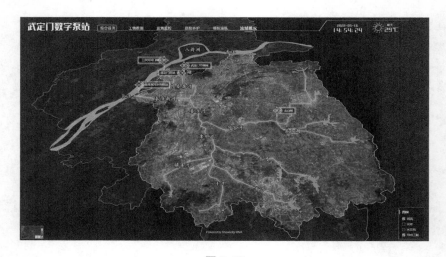

图 3-70

②综合首页

a. 综合首页基本操作

点击页面左右两边的"<"或">"按钮,可展开或收起功能页面(图 3-71)。

图 3-71

在综合首页中，可查看流域实时状态、武定门泵站工程概况、水位情况、降雨量情况、水质情况和泵站运行数据（图 3-72）。

图 3-72

b. 水雨情查看

在水位和雨情功能卡中，可点击"日""月"按钮，切换数据统计时间范围，查看当日或当月水位情况和降雨量情况。将鼠标悬停在图表上，可查看具体数值（图 3-73、图 3-74）。

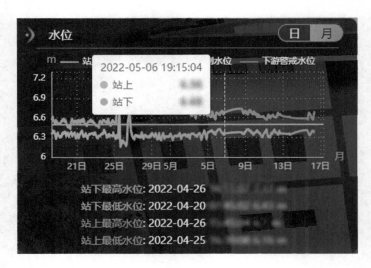

图 3-73

图 3-74

c. 泵组数据查看

在"泵站数据统计"功能卡中,可点击"总""本年度"按钮,切换数据统计时间范围,查看各个泵组总运行时长、总抽水量情况或本年度运行时长及抽水量情况。将鼠标悬停在图表上,可查看具体数值(图 3-75)。

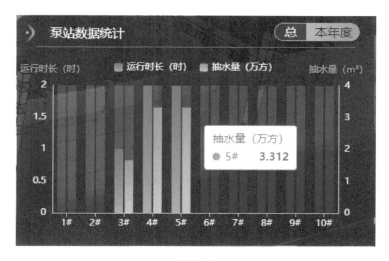

图 3-75

d. 水质情况查看

在"水质监测"功能卡中,显示指标具体数值及等级雷达图,将鼠标悬停在雷达图上,可查看具体指标等级(图 3-76)。

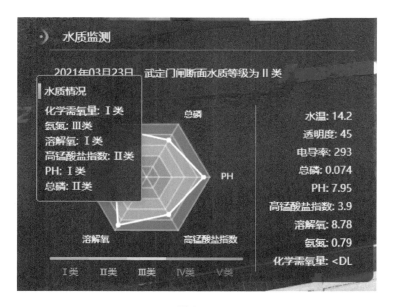

图 3-76

③工情数据

a. 工情数据基本操作

在菜单栏中选择"工情数据"选项卡，可切换至"工情数据"页面。在"工情数据"页面中，可查看机组、闸门、辅机状态，设备具体规格参数，同时可切换场景，查看具体设备模型（图 3-77）。

图 3-77

b. 状态查询

在左侧功能页面中可查看机组运行状态、闸门状态、集水井水位和排水泵状态。如需查看闸门运行及控制方式，在"闸门状态"功能卡中，将鼠标悬停在对应闸门附近，可查看闸门具体情况（图 3-78）。

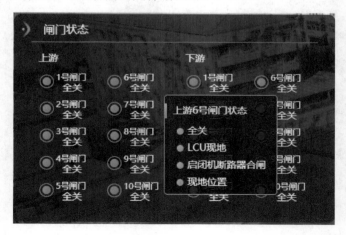

图 3-78

c. 视角切换

点击模型中的黄色标签或在"视角切换"功能卡中点击场景按钮,可将模型视角切换至对应场景(图3-79)。

图 3-79

点击模型中红色的"返回主场景"标签或点击"视角切换"功能卡中的"返回"按钮,可将模型切换回初始主场景(图3-80)。

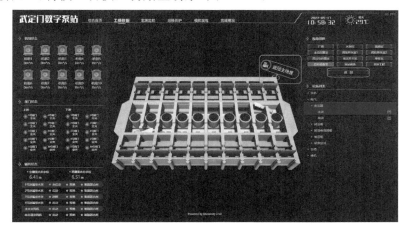

图 3-80

d. 设备信息查询

展开"设备列表"功能卡下的树状图,列表中包含水机、电气、金结和辅机,点击设备名称旁的"☰"按钮,可查看设备实时详情、铭牌及检修信息,同

时模型视角切换至设备所在场景(图 3-81)。点击"×"按钮可关闭设备信息,
点击"视角切换"功能卡中的"返回"按钮,可将模型切换回初始主场景。

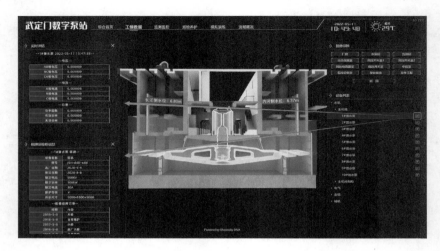

图 3-81

④监测监控

a. 监测监控基本操作

在菜单栏中选择"监测监控"选项卡,可切换至"监测监控"页面。在"监
测监控"页面中,可查看视频监控、河道历史断面变化和垂直位移监测,同时
可切换场景,查看具体设备模型(图 3-82)。

图 3-82

b. 视角切换

与"工情数据"页面中的"视角切换"功能类似,在"视角切换"功能卡中点击场景按钮,可将模型视角切换至对应场景。点击模型中"返回主场景"标签或点击"视角切换"功能卡中的"返回"按钮,可将模型切换回初始主场景(图3-83)。

c. 视频监控查看

展开"监控列表"功能卡中的"监控"目录,可查看不同区域的视频监控。点击监控点旁的"▤"按钮可将模型视角切换至监控点所在场景,模型中对应的监控点标签变为红色,同时在"视频监控"功能卡中显示对应的监控视频(图3-83)。

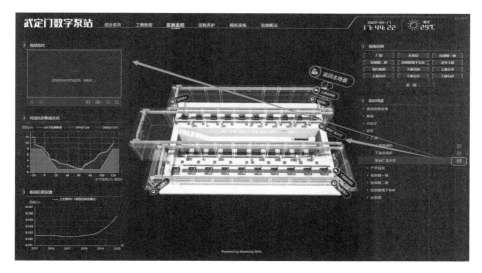

图 3-83

d. 河道历史断面变化

展开"监控列表"功能卡中的"断面"目录,可查看各断面情况。点击断面旁的"▤"按钮可将模型视角切换至断面测量点所在场景,模型中对应的测量点标签变为红色,同时在"河道历史断面变化"功能卡中显示对应的监控视频(图 3-84)。

图 3-84

e. 垂直位移监测

展开"监控列表"功能卡中"垂直位移监测"目录,可查看各监测点位移情况。点击监测点旁的"☰"按钮可将模型视角切换至监测点所在场景,模型中对应的监测点标签变为红色,同时在"垂直位移监测"功能卡中显示历年垂直位移变化情况,将鼠标悬停在垂直位移监测图上,可查看具体高程值(图 3-85)。

图 3-85

⑤巡检养护

a. 巡检养护基本功能

在菜单栏中选择"巡检养护"选项卡,可切换至"巡检养护"页面。在"巡检养护"页面中,可查看异常处理情况及处理用时、排班情况以及具体巡检任务。同时可切换场景,查看巡检点详细情况(图 3-86)。

图 3-86

b. 视角切换

与"工情数据"页面中的"视角切换"功能类似,在"视角切换"功能卡中点击场景按钮,可将模型视角切换至对应场景。点击"视角切换"功能卡中的"返回"按钮,可将模型切换回初始主场景。

场景模型中带箭头的路径代表巡检路径,依照箭头指示方向,依次巡查。模型中的位置标签代表巡检点,不同的颜色代表不同的状态。黄色巡检点标签代表该巡检点任务未开始,绿色巡检点标签代表该巡检点任务已完成,橙色巡检点标签代表该巡检点任务进行中,红色巡检点标签代表该巡检点任务异常,灰色巡检点标签代表该巡检点不在任务中(图 3-87)。

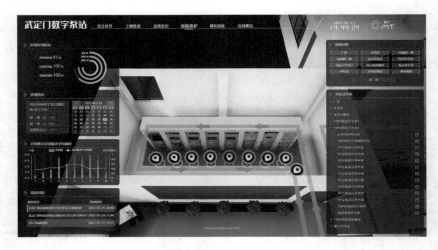

图 3-87

c. 异常处理情况查询

在"异常处理情况"功能卡中可查看六个月内的巡检到位率、结果正常率和设备正常率(图 3-88)。

图 3-88

d. 排班情况查询

在"排班情况"功能卡中可查看当天检查人、监督人和上级负责人名单,也可通过日历切换日期,查看某天的巡检排班情况(图 3-89)。

图 3-89

e. 异常数及异常解决平均用时查询

在"异常数及异常解决平均用时"功能卡中可查看当年各个月份的巡检异常数量和解决异常的平均用时。将鼠标悬停在"异常数及异常解决平均用时"图上,可查看具体数值(图 3-90)。

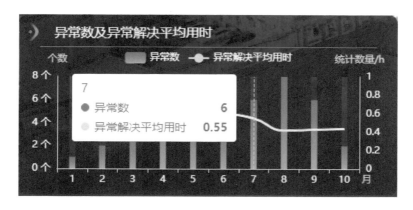

图 3-90

f. 巡检任务查询

在"巡检列表"功能卡中可查看三天内具体巡检任务及开始时间(图 3-91)。

g. 巡检点详情查询

展开"巡检点列表"功能卡中的目录,可查看各巡检点详情。点击巡检点旁的"☰"按钮可将模型视角切换至巡检点所在场景,模型中对应的巡检点标

图 3-91

签变为红色并展开显示巡检点名称,同时在"巡检点详情"功能卡中显示该巡检点及其巡检大项的具体巡查情况(图 3-92)。

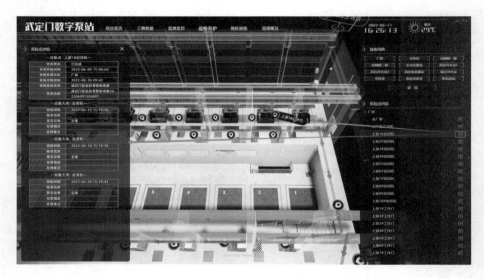

图 3-92

⑥模拟演练

a. 模拟演练基本功能

"模拟演练"选项卡中有三种模拟选项,可分别进行淹没模拟、工况模拟和巡检模拟。点击对应选项,切换至模拟页面(图 3-93)。

图 3-93

b. 淹没模拟

点击"模拟演练"选项卡中的"淹没模拟"按钮,将界面和模型切换至淹没分析场景(图 3-94)。

图 3-94

· 降雨量设置

在"区域内 24 h 降雨量"功能卡中,可通过滑块模拟降雨量大小。调节好初始降雨量后,在"模拟淹没"功能卡中点击"开始"按钮,进行降雨淹没预演,可点击"倍速"按钮调节模拟速度。点击"暂停"按钮,暂停淹没模拟。点击"复位"按钮,将水位、降雨量等恢复至初始状态(图 3-95)。

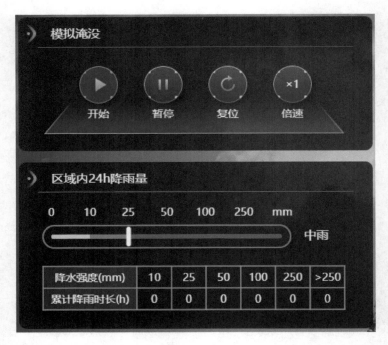

图 3-95

· 区域内联排调度

在"区域联排泵站信息"功能卡中点击"武定门泵站"图标可模拟开启、关闭武定门泵站所有机组,泵站模拟排涝流量显示在图标上方。点击区域内其他泵站图标,可模拟区域内排涝联排情况。在"武定门机组状态"功能卡中,点击某一机组图标,可模拟单独开启、关闭武定门泵站内某一机组。区域内水位模拟结果和积淹模拟情况,可在"区域内水位监测"和"区域内积淹点"功能卡中查看模拟结果(图 3-96)。

· 淹没模拟结果

在淹没模拟的过程中,可在模型中直观地看到水位及积淹区域的变化。在"区域内 24 h 降雨量"功能卡中记录了不同降水强度的累计降雨时长。区域内水位监测点的模拟实时水位可在"区域内水位监测"功能卡中查看,"区域内水位变化"功能卡以图标形式记录了各监测点的水位变化。区域内各积淹点的积淹深度可在"区域内积淹点"功能卡中查看(图 3-97)。

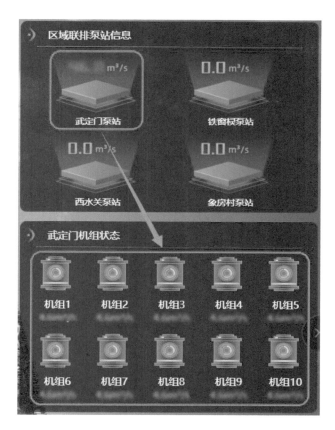

图 3-96

图 3-97

c. 工况模拟

点击"模拟演练"选项卡中的"工况模拟"按钮,将界面和模型切换至工况模拟场景。在"运行工况"功能卡中,点击"排涝运行"、"灌溉运行"和"自流工况"按钮,切换模拟工况类型。点击"开始运行"按钮,机组、闸门及拍门开始模拟对应工况的水流、水位变化。模拟结束后可点击"停止运行"按钮关闭机组、闸门及拍门。点击"复位"按钮,将水位、机组、闸门及拍门还原至初始状态(图3-98)。

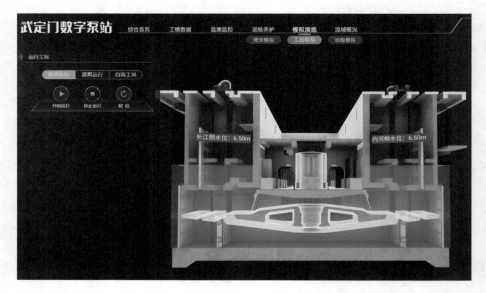

图 3-98

d. 巡检模拟

点击"模拟演练"选项卡中的"巡检模拟"按钮,将界面和模型切换至巡检模拟场景。在"巡检漫游"功能卡中,点击"日常巡检"、"经常性检查"和"定期检查"按钮,切换巡检路线。点击"开始"按钮,目标点开始沿着巡检路径,模拟巡查过程。点击"暂停"按钮,目标点停止运动。点击"停止"按钮,结束巡检模拟,目标点及模型场景回到初始状态。点击"倍速"按钮,可调节目标点的移动速度。模拟过程中,目标点所在巡检场景和巡检区域在"巡检区域"和"巡检场景"功能卡中橙色亮显,表示目标点移动至此区域,同时模型中对应的巡检点标签也展开变为黄色(图3-99)。

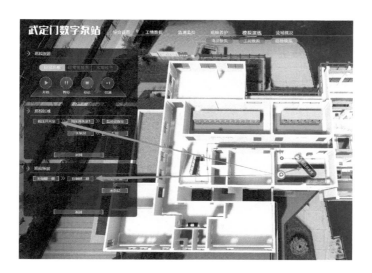

图 3-99

⑦四预应用

a. 四预应用基本功能

在"四预应用"选项卡中有四种模拟选项，可分别进行监测预报、动态预警、场景预演和调度预案。点击对应选项，切换至相应页面（图 3-100）。

图 3-100

b. 监测预报

点击"四预应用"选项卡中的"监测预报"按钮，将界面和模型切换至监测预报场景。在"监测预报"功能卡中，点击"实时监测"、"积淹点监测"和"气象信息"按钮，切换监测及预报信息类型（图 3-101）。

图 3-101

如需打开或关闭流域模型中的标签,可在界面右下角"图例"选项卡中勾选需要显示或关闭的工程类型,进行操作(图 3-102)。

图 3-102

· 实时监测

点击"监测预报"页面左栏中的"实时监测"按钮,可查看实时雨情、实时水情及实时工情信息,流域模型标签默认显示水系。

在"实时雨情"列表中,点击具体雨量站,可查看当天各时段降雨量及半个月内的日降雨量(图 3-103)。

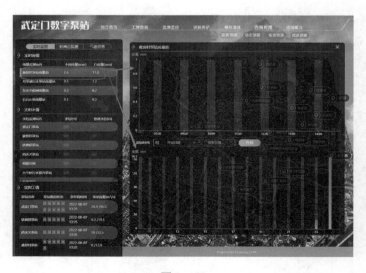

图 3-103

在"实时水情"列表中，点击具体水位监测站，可查看当天水位变化及一个月内的水位变化(图 3-104)。

图 3-104

在"实时工情"列表中，点击具体泵站，可查看机组运行状态及开机时长。默认显示一周内的运行数据，用户可通过时间选择器调整。页面上半部分是显示各个泵运作时长的甘特图，绿色代表开机，蓝色代表关机；下半部分的列表详细列出各个泵的开机时间、关机时间、流量、运行时长及抽水量信息(图 3-105)。

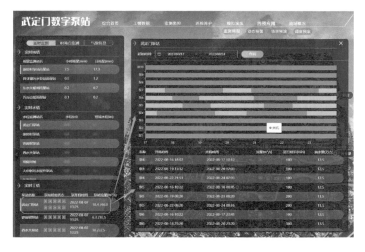

图 3-105

• 积淹点监测（图 3-106）

点击"监测预报"页面左栏中的"积淹点监测"按钮，将界面转至积淹点监测页，流域模型标签默认显示积淹点。在列表中可查看各积淹点积淹深度、开始时间等信息。点击右侧"⊕"按钮，将模型视角切换至对应积淹点范围。

图 3-106

• 气象信息（图 3-107）

点击"监测预报"页面左栏中的"气象信息"按钮，将界面转至气象信息页，流域模型标签默认显示雨量站点。可在左侧功能页中查看"卫星云图"、"雷达图"、"台风路径"及"降水分布图"信息。

图 3-107

c. 动态预警

点击"四预应用"选项卡中的"动态预警"按钮,将界面切换至动态预警页面,流域模型标签默认显示水系(图 3-108)。

图 3-108

在"动态预警"页面中,可查看"雨情告警"和"水情告警"信息。如需打开或关闭流域模型中的标签,可在界面右下角"图例"选项卡中勾选需要显示或关闭的工程类型(图 3-109)。

图 3-109

d. 场景预演

点击"四预应用"选项卡中的"场景预演"按钮,将界面切换至场景预演页,流域模型标签默认显示水系和水位站点。如需打开或关闭流域模型中的标签,可在左侧功能页下方"图例"选项卡中勾选需要显示或关闭的工程类型(图 3-110)。

(a)

(b)

图 3-110

· 新建方案

点击左侧功能页中"新建方案"按钮,打开方案配置页面。在配置页面左上方可编辑方案名称。点击起止时间后的时间选择器,设置调度时间和初始水位值(图 3-111)。

图 3-111

点击"降水配置"按钮,将页面切换至降水配置页。降水配置可通过载入历史降水信息或自定义降水数据两种方式配置。

如需载入历史降水数据,点击"载入方案",通过起止时间后的时间选择器,选择需要载入的历史数据。操作完成后点击"确定"按钮完成降雨配置（图 3-112）。

图 3-112

如需自定义降水数据,点击"自定义降水量",输入 24 小时、6 小时及 1 小时降水值,并设置起止时间,操作完成后点击"确定"按钮完成降雨配置（图 3-113）。

图 3-113

完成降水配置后,将按钮切换至"调度配置"将页面切换至调度配置页面,设置联合调度数据。点击"新建"按钮添加调度数据,通过下拉菜单选择泵站,并设置开机台数及时间。如需删除某条调度数据,选中对应数据后,点击"删除"按钮(图 3-114)。

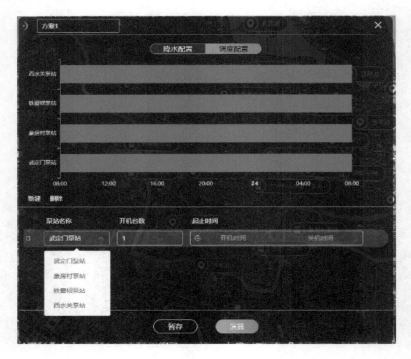

图 3-114

完成降水及调度配置后,可点击"演算",进行预案推演计算,也可点击"暂存",便于之后修改(图 3-115)。

图 3-115

如需修改方案配置,点击对应方案后的"···"按钮,选择"编辑",打开方案配置页面。点击"上传"按钮,将设置好的方案存入预案列表数据库。如需存入历史调度案例,点击"上传为历史数据"按钮。如需删除方案,点击"删除"按钮(图 3-116)。

· 载入方案

如需载入之前设置好的方案或历史调度方案,点击左侧功能页中"载入

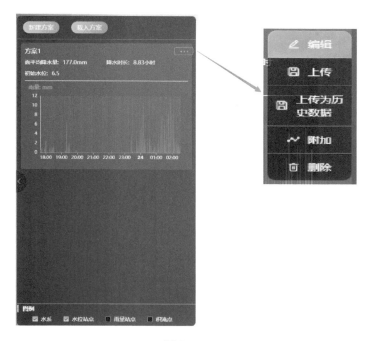

图 3-116

方案"按钮,打开方案载入页面。如需载入预案列表数据库中的方案,点击
"预案列表"按钮,在列表中选择想要载入的方案,点击"↓"按钮进行载入。
如需载入历史调度案例,点击"历史调度案例"按钮,在列表中选择想要载入
的方案,点击"↓"按钮进行载入(图 3-117)。

图 3-117

· 方案预演

选中需要预演分析的方案后,打开方案预演页面上部功能页中的""
按钮,进行可视化预演。如需对比两个方案,点击需要对比方案后的"···"按
钮,选择"附加",可将对比方案中的水位曲线添加在图表中(图 3-118)。

图 3-118

e. 调度预案(图 3-119)

点击"四预应用"选项卡中的"调度预案"按钮,将界面切换至调度预案
页,流域模型标签默认显示水系和水位站点。如需打开或关闭流域模型中
的标签,可在左侧功能页下方"图例"选项卡中勾选需要显示或关闭的工程
类型。

图 3-119

点击"调度预案"页面左侧功能页中的"调令管理"按钮,可查看调令信息
列表。点击调令后的"☰"按钮,可查看调令详细内容。如需新增调令,点击

"上传"按钮。如需删除调令，选中需要删除的调令，点击调令后的"🗑"按钮进行操作(图 3-120)。

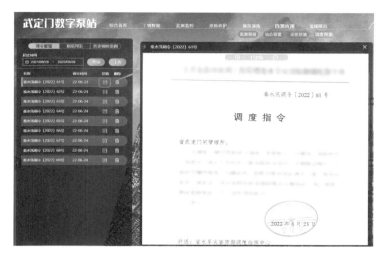

图 3-120

2. 预案列表

点击"调度预案"页面左侧功能页中的"预案列表"按钮，可查看设置好的预案列表。点击方案后的"▶"按钮，可进行对应方案的预演(图 3-121)。

图 3-121

•历史调度案例

点击"调度预案"页面左侧功能页中的"历史调度案例"按钮，可查看历史典型降水调度预案列表。点击方案后的"▶"按钮，可预演相应预案（图3-122）。

图 3-122

3.1.4 数字武定门闸

3.1.4.1 项目概况

武定门闸位于南京市武定门外秦淮河下游，距三汊河口 12.6 km，距河定桥 9.9 km，与秦淮新河水利枢纽工程共同担负着秦淮河流域 2 631 km² 内的南京、镇江两市的江宁、溧水、句容及南京郊区的防洪、排涝、灌溉、水生态环境改善等任务，其重要性不言而喻。在安全可靠设备和可信系统的建设方面，亟需与国家整体信创战略保持协同。

武定门节制闸自动化控制系统升级改造基于开源鸿蒙操作系统、国产化硬件环境和可信计算 3.0 技术，实现水利工控关键核心设备和软件的国产化替代，并通过集成安全模块，促进水利工控系统向架构开放、集成度高、轻量化、模块化方向发展。

3.1.4.2 总体设计

1. 建设目标

武定门节制闸的升级改造以节制闸安全运行、精准调度为目标,通过应用自主安全的水利工控核心设备和软件系统,打造安全可信的水利工程运行与维护环境,筑牢安全保密体系。通过融合多维数据,开展工程精细建模,驱动武定门节制闸智能决策控制;通过强化工程运行数据的展示与分析,支撑武定门节制闸运行与维护,助力水利工程管理的数字化转型。

2. 建设任务

(1)对武定门节制闸 6 个闸门的自动化控制设备进行国产化升级改造,满足控制安全可靠、可信的加密战略需求。

(2)构建辅助闸站精准控制的模型库、知识库,同时进行多方数据集成。

(3)对控制室进行改造装修,增设大屏及控制台,对大屏后墙面进行装修。

(4)建设满足自动化控制、辅助决策及展示需求的业务系统。

(5)增设相关服务器、操作系统、数据库、工作站等基础软硬件设施,构建运行环境。

(6)上述系统的开发;设备的采购、集成、制造、试验、安装、调试;相应线缆安装敷设;系统设备的整体联调工作、试运行;培训、售后服务等工作。

3. 系统架构

武定门节制闸自动化控制系统升级改造项目规划涉及基础设施层、支撑体系层、数字孪生平台、业务应用层、网络安全体系及保障体系,通过统一规划、分步实施,确保系统建设的先进性、前沿性、安全性。系统架构如图 3-123 所示。

(1)基础设施

物联感知。利用物联网技术,建设覆盖节制闸的监测网络,全面监测水文、气象、视频等数据。

国产化运行环境。实现硬件系统国产化、软件系统适配改造和数据传输加密设计。

网络通信。筑牢工控网络安全作业环境,做好网络安全防护。

图 3-123

（2）数据集成应用建设

数据集成应用在获取省级智能中枢通用型服务的基础上，对武定门闸站物理区域全要素进行数字映射，通过建立符合节制闸特点的模型库和知识库，完成日常业务管理活动全过程的智能模拟和前瞻预演。

（3）业务应用层

基于数据集成应用平台搭建智慧化、自动化、统一化的集监测、控制和调度于一体的业务系统，获取数字孪生秦淮河相关成果，从流域角度整体把控武定门现在及未来态势，实现集中控制、全局数据服务、指挥决策支持等功能。

（4）网络安全体系

平台整体进行安全部署时遵循计算机与网络安全所遵循的纵深防御的原则，构建完善的安全技术体系。

（5）保障体系

依托现有运维管理系统，优化运维保障体制、运行制度等措施，整合升级，确保武定门节制闸安全稳定运行。

4. 网络架构

武定门闸自动化控制系统国产替代的网络作业环境为工控局域网，与水利专网、电子政务外网、互联网物理隔离。业务应用系统部署于水利专网，通过数据无连接安全传输系统获取自动化控制系统中数据。

感知数据经过数据采集通信流转至国产逻辑控制器并通过加密处理后上传至控制室的国产服务器进行加解密，实现工控网内的安全作业。同时，感知数据也将通过数据无连接安全传输系统传输至省级数字孪生智能中枢系统，实现数据的分析与处理。

网络架构如图 3-124 所示。

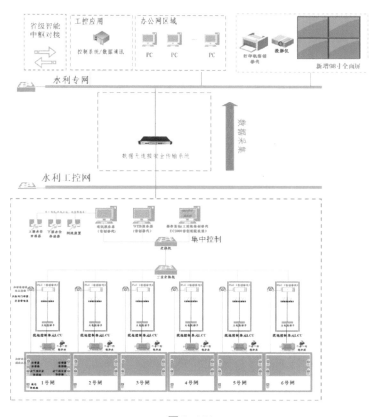

图 3-124

5. 安全保密

从安全技术体系、安全服务体系和安全管理体系三个方面进行安全保密的系统性建设,保障武定门节制闸工程的安全可靠。安全技术架构如图3-125所示。

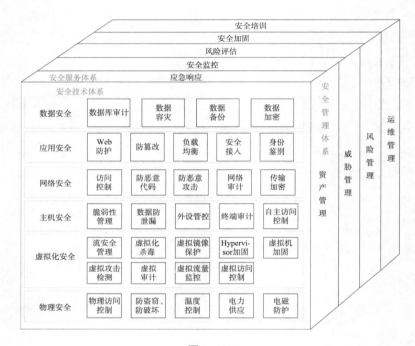

图 3-125

6. 自主可控

构建综合安全服务能力,充分考虑安全性、可靠性、易维护性,减少因信息基础设施故障而造成的业务无法正常进行的现象;坚持在先进、高性能前提下合理投资,以期在成本最佳的前提下获得最大效益。

（1）基础硬件选型

基础硬件设备确保通信网络的建设自主可控,均需要采用国产自主可控的计算、存储、网络、外设等硬件设备,实现通信网络建设的自主可控,遵从标准规范,支持网络建设的平滑演进和互联互通。

（2）应用软件选型

应用软件选型建设均基于自主可控的支撑软件,并能够在符合国产自主可控要求且通过相关权威或委托测评机构自主可控与安全评估的由操作系统、数据库、中间件等构建而成的水利领域的智慧化运行环境中运行,为武定门节制闸的智能化服务提供智慧服务支撑。

(3)信息安全产品选型

信息安全设备确保安全保密自主可控。为保证项目所建设环境的网络安全、信息安全、应用安全和安全管理,选用自主可控的安全防护产品和商用密码设备。

(4)自主可控产品迁移适配

为有效做好已有信息系统向国产自主可控运行环境的迁移过渡工作,做好新建信息系统与各型国产自主可控关键软硬件的适配工作,借鉴信创工程在国产自主可控平台上的开发和迁移适配经验,对已有专用应用软件或工具,采用源代码移植方式进行国产自主可控迁移改造,若原有运行环境已经无法使用,则采用功能仿制方式在国产自主可控运行环境中进行迁移适配和研制替换。

3.1.4.3 建设内容

1. 数据流程

数据流转主要分为三个方面,各部分数据流程如下。

(1)LCU 控制柜与现地传感器、闸门启闭机之间

现地 LCU 柜通过 RS485、DI/O、AI/O 等接口下接已建及新建的水位计、闸位计、流量计、雨量计、电量表、温湿度传感器等各类传感器数据,获取水位、流量、闸位、启闭机电流电压、LCU 柜内温湿度等数据,不下达任何控制指令。

同时 LCU 柜与闸门启闭机相连,根据现地及控制室指令控制启闭机的开关,以达到开关闸门的效果,同时根据闸位计判定闸门开关的高度。并可根据温湿度传感器的数据判定 LCU 柜内的温湿度,进而控制柜内风扇及加热片开启,以控制柜内的温湿度。

(2)现地控制层与闸站级控制室之间

通过加解密模块的应用,构建 LCU 柜国产安全逻辑控制器与控制室国产服务器间的数据安全传输,实现现地传感器数据的加密上传,控制室控制指令的加密下达。国产安全逻辑控制器加密设备对控制室下达的命令进行

解密,对上传的各类传感器数据进行加密;控制室服务器对下达的主控命令进行加密,对上传的传感器数据进行解密。同时现地控制层与闸站级控制室各设备之间的联通均处于工控网内。

(3) 闸站级控制室与业务系统应用及省厅相关平台之间

闸站级控制系统在完成本地控制的基本功能上,还需将现地各类传感器、闸门开关状态等数据进行上传,以供业务系统进行成果展示以及共享至省厅平台,因工控网与水利专网是物理隔离,所以准备采用省秦淮河水利工程管理处现有的数据无连接安全传输系统进行数据的上传与共享。

根据需要在武定门节制闸上游布设两处超级夜视摄像头,用于漂浮物识别监控,因需要接入省秦淮河水利工程管理处现有视频管理平台对接现有的视频识别算法,因此也将与工控网进行物理隔离,接入水利专网,最终汇聚至业务系统的成果展示系统,展示漂浮物识别的结果。

整体的数据流程如图 3-126 所示。

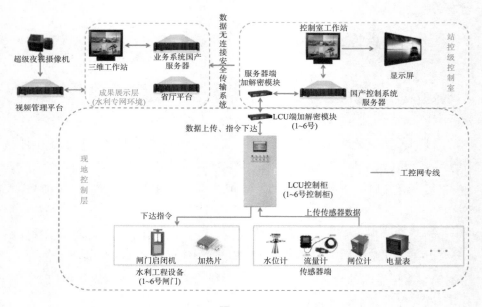

图 3-126

2. 自动化控制系统国产替代

(1) 改造内容

基于国产操作系统,升级替换原有控制系统,新增 6 套国产安全逻辑控制器及控制柜对 6 座闸门进行自动化升级改造，替换原来的 PLC 及扩展模块，每个闸孔对应一个控制柜。上位机软件改为 WEB 版的集控平台，其他自动化控制系统硬件保持不变。并同时在节制闸上游分远近呈对角线布设两处超级夜视摄像头视频监控，用于识别水面漂浮物。改造后控制系统架构如图 3-127 所示。

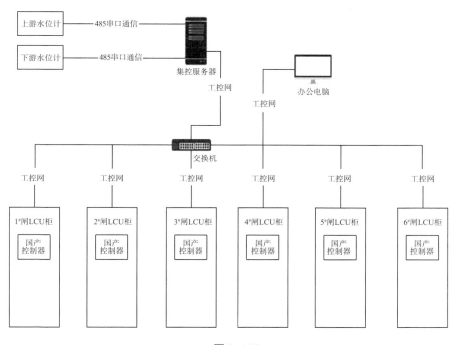

图 3-127

（2）系统结构

武定门闸自动化控制系统主要包括闸位数据采集、闸门远程控制、机组运行状态监控等内容，涉及逻辑控制单元、多功能电表、开度荷重仪、限位开关等设备。在自动控制系统国产替代过程中，以太网网口、现地电量表、闸位计等设备及所有数据均接入控制柜。电流、电压、开度数据等均通过光纤网络专线传输到服务器进行统一存储和数据交换。

自动化系统采用开放的、分层分布式体系结构，自下而上分成现地及站控两级。不同控制方式的切换应采用转换开关等硬件装置进行切换。对于现地控制单元控制和站控级控制方式，操作人员应取得相应的操作权限。

①现地级主要通过各种监测设备获取信号源和控制装置就地对闸门启闭机、机组等设备进行监视和控制。

现地手动控制：操作员在设备现场通过按钮或者开关直接开启、停止设备。

现地控制单元控制：操作员通过设置在现地控制单元内的人机接口（触摸屏）启动、停止设备，并能监视设备启动或者停止的过程。

②站控级由控制室内的控制台、工作站、服务器、全面屏等组成，负责全站性运行监控事务。

站控级控制：操作员在控制室内通过工作站发布启动/停止设备的命令至现地控制单元，现地控制单元完成相关控制操作。操作员可通过 WEB 控制界面监视设备的启动或者停止过程。

为保证闸站自动化系统的安全、可靠运行，自动化系统采取如下网络安全策略：

a. 自动化控制系统部署环境与外界进行物理方式隔离。

b. 增加通信加密模块进行工业通信加密。

c. 现场所有监测数据与省厅平台联通，将采用安全传输通道。

（3）系统功能

控制系统服务器上安装运行集控平台相关程序，包含两大功能：①接入上下游水位计，实时获取水位值。②管理 6 个国产控制器，可以实现 6 个闸门的群控功能，并对数据进行处理、显示，形成各种报表。

站点操作人员通过工作站访问集控平台，登录系统后，查看各个闸门状态，根据调度指令，进行闸门启闭操作。

（4）信号源及存储说明

①控制系统主要接入的信号源

主控电源、信号电源；上扇门电源、上扇门上升、上扇门下降、上扇门全开、上扇门全关、上扇开度、左侧重、右侧重；下扇门电源、下扇门上升、下扇门下降、下扇门全开、下扇门全关、报警信号、下扇开度、左侧重、右侧重；以及上下游水位数据。

②数据记录与存储

自动化控制系统应对采集的实时数据进行记录，包括对系统中任何一个实时模拟量数据（原始输入信号或中间计算值）进行连续记录。记录时间间隔(分辨率)可以根据需要设置,最小时间间隔可达到 1 s。若时间分辨率设置为 1 s,存储时间应不小于 30 min。记录数据应支持实时趋势曲线显示,能够在实时趋势曲线上选择显示任何一个点的数值和时间标签。

自动化控制系统应建立数据库,能够存储系统中全部输入信号(模拟量和开关量)以及重要的中间计算数据。记录的时间间隔(分辨率)可以根据需要设置,最小时间间隔可达到 1 s。若以 1 s 的采样周期存储,最少应能够存储 30 天的历史数据。记录的数据应支持历史趋势曲线显示。历史趋势曲线显示时,可按照需要选择以不同的时间分辨率显示。系统应支持选择显示历史趋势曲线上任何一个点的数值和时间标签。

历史数据库的数据记录与存储应满足用户对历史数据的多种检索方式,如历史趋势曲线、日报表、月报表、事件查询等。

自动化控制系统应具有数据库自动清理、备份等维护功能。应能通过程序设置完成过期数据的自动清理。定期或在存储介质空间的占用率大于一定值时,以一定的方式提醒运行人员将数据转存至外部存储介质,或可自动转存到外部存储介质上。

(5)一体机参数(图 3-128)

标准软件参数	
操作系统	基于Openharmony 3.2 LTS版本
安全能力	指纹认证、人脸认证、root检测、应用白名单防护、应用黑名单防护、应用防卸载
水利工控组态能力	闸门、水泵状态显示与控制,水文感知设备通信及数据采集
通信规约	水文监测数据通信规约、水资源监测数据传输规约、污染物在线监控(监测)系统数据传输标准、江苏省水文自动测报系统数据传输规约

标准硬件参数	
CPU	4 Core
内存	4G
存储	32G
显示屏	面板尺寸: 10.1 inch 分辨率: WSVGA 1024(RGB)×600
以太网	2 路10Mbps/100Mbps 自适应端口
外部接口	12路DO模块,最大支持电流为2A 16路DI模块 4路MODBUS接口
工作环境	温度: -20℃~60℃ 湿度: 5%~85%
人脸识别模块	可存储100人脸特征 双目IR摄像头,场视角 H60.0° H53.3° V67.5° 识别时间: <15解锁 识别距离: 0.4~1.0m
指纹识别模块	支持指纹拼接,最大拼接次数为6次 可存储60枚指纹特征 响应速度,特征提取速度<0.2S,单枚匹配时间<0.002S 自然磨损>一百万次 (0.6N下反复按压)
外观尺寸	长: 443mm,宽: 200mm,高: 53.4mm

(a) (b)

图 3-128

3. 控制室配套设施建设

根据实际情况需要,在控制中心部署 1 台控制台、2 套高性能控制室工作站、2台控制系统服务器以及国产服务器操作系统2套,并配备高清显示屏用于控制人员值班使用。同时确保控制室工作站与全面屏电视进行联通,实现投屏显示。

根据控制室墙面尺寸选择安装2台85寸的全面屏电视,用于节制闸三维信息展示、GIS展示、数据分析展示等。根据现场实际情况选择了壁挂式,即全面屏背靠墙面,并固定在墙面上。

4. 武定门闸数据集成应用

在获取省级相关平台通用型服务的基础上,对武定门闸站物理区域全要素进行数据集成,并通过建立符合节制闸特点的模型库和知识库,完成日常业务管理活动全过程的智能模拟和前瞻预演。数据集成应用服务的建设充分依托省厅相关平台的能力,避免了重复建设,项目建设与运行过程中所产生的数字资产可汇聚至省厅平台。

(1)数据集成

①数据资源池

a. 基础数据

基础数据包括武定门节制闸及工程上下游影响区内各类水利对象的特征属性,主要包括流域、河流等水域类对象,水工建筑物、机电设备、辅助设施等水利工程类对象,视频监控点、雨量监测点、水位监测点、流量监测点等监测站(点)类对象,工程运行管理机构、人员、资产等工程管理类对象。基础数据特征属性应参考《水利对象基础数据库表结构及标识符》(SL/T 809—2021),对所有对象进行统一编码,还应根据业务需要实时或定期更新。

b. 监测数据

监测数据主要包括武定门节制闸机电设备监测、视频监控、雨量监测、水位监测、流量监测等数据,经治理后统一集成。

c. 业务管理数据

业务管理数据主要指武定门节制闸工程业务管理中产生的有关数据,主要包括在防洪调度、长江潮位影响调度、闸门运行管理等业务管理中产生的相关数据。业务管理数据应根据业务应用需求同步更新。

d. 外部共享数据

从上级水利部门、地方政府及其他机构收集支撑业务系统建设需要的相

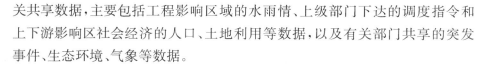

关共享数据,主要包括工程影响区域的水雨情、上级部门下达的调度指令和上下游影响区社会经济的人口、土地利用等数据,以及有关部门共享的突发事件、生态环境、气象等数据。

e. 地理空间数据

在公开的 2 m DOM、30 m DEM 等地理空间数据基础上,采用卫星遥感、无人机倾斜摄影等技术,采集多区域、多尺度、多类型的地理空间数据,融合构建多时态、全要素的地理空间数字化映射。

②数据引擎

利用省智能中枢的数据引擎提供基础的数据管理支撑和应用服务,一方面对平台建设涉及的数据进行目录建设、采集集成管理、数据处理与交换及数据资源共享;另一方面提供数据基础服务、应用服务、地图数据服务、大数据挖掘与分析服务及系统资源服务等满足多源异构数据采集、存储、分析、融合服务的融合服务体系。

a. 数据汇集

通过对现有数据情况的摸排,结合管理业务需求,遵循"需求引导、应用至上"的原则,按照业务使用优先级通过融合集成平台分批对数据进行汇集,汇集数据类型主要包括水利对象基础数据、实时监测数据(含历史数据)、水利业务数据、地理空间数据、跨行业共享数据、卫星遥感数据、视频等多媒体数据以及手工数据等。基于不同业务场景特点,选择不同的采集方式,甚至多种组合方式,高效、安全、可靠地完成数据汇集。

通用数据汇集支持多源数据库汇集、文件数据汇集、大数据汇集、视频数据融合和地理空间数据汇集。汇集模式上支持全量和增量等多种方式。

b. 数据治理

数据治理是从武定门节制闸各业务对水利数据资源的需求出发,依据数据应用范围和关联关系,基于现有面向业务视图建模、语义空间不一致的数据资源,利用数据库开发技术、ETL 数据技术、质量控制技术等数据治理技术,针对数据归一化处理、一致化处理、图斑处理、实体编码与关联、质量检查与入库等需求,整合形成面向对象建模、统一语义、分布式存储与管理的数据资源,为数据分析、信息共享、信息服务和知识决策提供基础,最终实现"统一模型、一数一源、共建共享、授权使用"。

c. 数据存储

对武定门节制闸多类数据资源进行全面整合建立相应数据库,实现"一数一源"。实时的、结构化的遥测数据和元数据利用关系型数据库存储服务,而历史数据、文档数据、图像数据和视频数据等半结构化和非结构化数据使用大数据分布式文件存储服务。将关系型数据和分布式文件系统结合,共同支撑水利数据的存储,满足海量数据持续增长、数据结构向多样性变化的要求,实现了一次建设、长期受益,根据项目需求建立基础数据库、监测数据库、业务管理数据库、地理空间数据库和跨行业共享数据库。

d. 数据服务

数据服务通过精细化、规范化、专业化的信息服务建设,实现数据资源的统一汇聚、集中共享和深度挖掘,为业务应用系统提供数据服务(API)支撑。数据服务主要进行 API 的注册、测试、部署、授权、编辑、删除等全生命周期管理。数据服务建设包括基础数据查询管理服务、水利专业服务,其中水利专业服务主要为核心业务提供信息分析处理服务,通过构建基础资料分析处理、水情分析与计算、防汛等数据服务,为业务应用提供技术支撑。

e. 数据安全

项目建设过程中,随着海量数据的不断汇聚,数据价值不断提升,新技术不断涌现和应用,数据面临新的安全风险。要高度关注数据安全,确保数据处于有效保护和合法利用的状态,具备保障持续安全状态的能力。应开展数据安全风险监控,全面监控数据采集、存储、使用、加工、传输、提供等全生命周期安全。

(2) 模型库

① 专业模型集成

依托秦淮河水利工程管理处"秦淮河流域数字孪生水网与枢纽工程控制一体化模型设计研究"项目(2023 年江苏省水利科技项目),远期拟集成科技项目中搭建的潮位预测模型及调度决策模型,以期实现潮位长时间的准确预测,为调度决策提供科学依据。

② 智能模型集成

集成武定门节制闸已有的智能识别模型,利用监控的图像和视频数据,基于人工智能新技术,识别水面漂浮物、水尺水位等,为节制闸影响区域的水

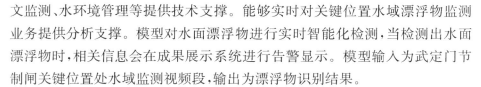

文监测、水环境管理等提供技术支撑。能够实时对关键位置水域漂浮物监测业务提供分析支撑。模型对水面漂浮物进行实时智能化检测，当检测出水面漂浮物时，相关信息会在成果展示系统进行告警显示。模型输入为武定门节制闸关键位置处水域监测视频段，输出为漂浮物识别结果。

③可视化模型

可视化模型是依托数据集成的地理空间数据，充分集成 BIM 模型，参考影像资料，构建主要包括节制闸工程自然背景、工程上下游流场动态、设备操控运行等方面的可视化模型。

a. 模型模拟要求

结合数据集成的监测数据、业务数据和水利专业模型输出结果，实现不同专题场景的仿真模拟。

模型内容。可视化模型基于 GIS、BIM 等多源数据，进行多种虚拟化技术手段还原，模拟出真实世界的各种物质形态、空间关系等信息，在保证直观展示现实世界细节的同时，进行一定美化处理，更好地平衡上层业务需求中精度和美观程度的需求。可视化模型建设内容包括：节制闸工程自然背景、工程上下游流场动态、设备等。

工程自然背景。武定门节制闸工程的自然背景主要有河流、植被、建筑、道路等。范围上包含流域自然背景表达、工程本体自然背景的精细化还原。

工程上下游流场动态。工程的上下游流场动态主要包括工程影响区域的淹没变化过程模拟、工程上下游水位涨落过程模拟、闸孔泄流状态模拟等。

水利机电设备。水利机电设备主要包括闸门及启闭设备等。

成果要求。可视化模型基于 GIS 和 BIM 等多源数据，转置导入模拟仿真引擎，形成水利工程全要素场景模型。

b. 模拟仿真引擎

模拟仿真引擎以可视化模型为基础，融合数据集成的地理空间数据、基础数据、监测数据、业务管理数据、外部共享数据，实现物理工程的同步直观表达、工程运管的全过程高保真模拟；对接模型库中的水利专业模型与智能识别模型，支持交互分析，支持工程安全前瞻预演等。

④模型调用

模型库提供智能模型和可视化模型服务的在线调用功能,提供经过代理后的 url 接口以供调用。为保证模型能力的使用安全,模型库提供鉴权功能,即用户调用模型时应使用模型库提供的授权码。当用户终止订阅或模型下架时,授权码自动失效。模型库提供基于 Web 页面的在线调用和基于 URL 的远程调用两种方式,并提供调用历史查询的功能,可保存通过各种方式对任意服务的调用结果,在调用历史中可查看该次调用是否成功,及其对应的返回结果;平台支持对历史结果的下载。

⑤模型共享

智能模型和可视化模型的共享依托省级水利智能中枢平台,根据中枢平台的权限管理功能,依据各类用户及默认的权限,设置对其开放不同的模型服务,通过 API 接口为水利信息化建设提供模型服务,实现模型方案、实例、场景的调用共享。

⑥模型管理

a. 模型接口管理

模型接口定义模型名称、类型、作者、版本号、服务简介等基本信息以及模型服务标识符、模型服务描述、模型服务输入、模型调用配置和模型服务输出等内容。模块服务组合配置通过调用模块服务接口、配置其执行顺序及模块间的信息交互实现模型的动态组合功能。模型部署接口实现将模型注册到模型库并部署配置的功能。

b. 模型封装管理

为实现模型的不同调用接口、服务容器和应用场景的服务化共享,屏蔽模型间的异构性及复杂性,基于容器技术,完成对各类模型的数据－算法－模块－模型多粒度拆分,对模型进行包装并以微服务的方式进行封装,实现模型的动态组合配置和集成共享。

c. 模型配置管理

模型配置管理对不同计算参数方案及其计算成果进行存储、调用和管理,实现模型方案在不同模型参数配置、不同建设阶段、不同工况、不同年型资料等多个子方案之间的设置与管理。

d. 模型验证管理

提供预测结果保存、文件解析和结果对比等一系列模型验证功能。针对数值型和字符型这类直观的预测结果,可通过模型平台查询近期所有的预测结果,并对预测结果进行直观的对比。并将多个数据结果通过图表的形式呈现出来,并提供图表下载的功能。

e. 模型上架管理

描述各类模型的名称、功能,传递参数个数、类型、顺序、返回结构等内容,约定模型定义、服务注册注销、接口规范声明,明确模型状态控制、模型授权、模型驱动(或验证)等方面的要求,完成对各类模型的注册,并通过模型调用与共享完成模型服务的发布和存放。同时,将独立完成基本业务功能的最小颗粒服务封装成算法,按业务类别,将算法统一注册并发布到省厅模型平台,采用结构化语言描述各算法的接口信息,形成多类业务服务集合,为服务组合提供基础。

模型服务上架前可以按照模型功能进行分类,并建立预设的率定参数模板等信息,在其他用户订阅时一并呈现。同时在资源层面,上架时可由用户选择为该模型分配的资源量、是否建立多副本的高可用模式。

⑦模型运行支撑

a. 镜像仓库

省厅平台提供镜像仓库管理功能,支持用户本地上传或自定义 Dockfile 在线构建镜像、运行镜像,同时平台内置 TensorFlow、PyTorch、Horovod 等常见的机器学习框架镜像。支持多租户镜像仓库服务,为用户提供内置镜像、私有镜像服务。

b. 存储服务

省厅平台提供多租户文件存储服务,为用户提供私有的文件存储空间。存储服务是平台提供的可视化文件管理功能,为用户提供资源隔离、文件存储、文件共享以及全局文件读取等功能。

(3)知识库

①工程知识库

构建水利工程知识组织的统一框架,形成统一编码方法,完成工程对象关联关系、潮位影响下的闸门操作规则、调度方案、业务规则、历史场景、工程经验等知识的建模与表达,基于知识引擎实现从数据底板进行知识抽取、融合、存储。

工程对象关联关系。围绕工程安全、防汛调度、感潮运行调度等核心业务,利用图谱分析和展示手段,描述工程数据与业务的整体知识架构。通过对武定门节制闸工程相关知识进行结构化分类,提取工程实体、属性和关系映射,并进行可视化连接,构建与用户业务职能、具体执行任务、主题场景强关联的知识,实现工程业务知识融合(图3-129)。

图 3-129

调度方案库。收集水文手册、水文预报方案,不同预报断面和预报单元的预报边界条件、产流方案、汇流方案、误差评定等内容。构建包括工程防汛预案、工程调度预案、超标洪水/潮位应急预案等预报调度方案库。随着数据底板的不断完善与更新,通过对每日潮位调度预案、历史典型洪水预报、防汛调度预案的信息结构化、参数化和知识化处理,建立预案关键信息检索与索引。

工程安全知识库。围绕工程机组安全、闸孔安全等特点,构建包括工程风险隐患、隐患事故案例、事件处置案例、工程安全鉴定、专项安全检查、专家经验、相关标准规范、技术文件等在内的工程安全知识库,涵盖常识类知识、累积知识、策略知识、其他类知识,结合实际应用不断更新工程安全知识库。

业务规则库。业务规则库包括法律法规、规章制度、技术标准、管理办法、规范规程等,数据类型主要为文档资料类。业务规则库重点针对武定门节制闸调度的法律法规、规章制度、技术标准、管理办法、图纸及其他重要文档资料进行建设,实现文档的在线化、数字化、结构化管理,对业务规则进行抽取、表示和管理,支撑新业务场景规则适配,规范和约束水利业务管理行为,为会商决策应用提供支持。通过构建工程调度运用规程、机电设备运行操作规程、工程安全监测资料整编规程、工程安全现场检查规程、工程安全应急预案等在内的业务规则库,通过业务规则的系统化、可视化、套件化管理,形成可组合应用的结构化规则集,同时结合实际情况对业务规则库进行更新(图 3-130)。

图 3-130

专家经验库。专家经验主要来自气象、水文、灾害防御、工程管理等相关单位水利行业专家提供的文本形式的经验知识,以及从现有业务知识库资料中摘录的经验公式、图表、文字等信息。基于专家经验决策的历史过程,将历史洪水处置、机组设备健康诊断、机组设备故障诊断、安全事件处置的经验进行数字化、结构化,集成融合当前工程安全监测、水文气象和设备运行信息等,通过经验挖掘、过程再现、经验验证、经验修正等过程,固化专家经验,实现经验的有效复用和持续积累(图 3-131)。

历史场景库。围绕防洪调度、重大事件应急处置等,构建历史场景模式,对典型历史场次洪水的实况洪水过程、预报过程、调度过程等关键过程及主要应对措施进行复盘,基于场景目标确定主题,挖掘、提取历史过程相似性形成的历史事件典型时空属性、专题特征指标组合等,并通过推演分析不同场景下的演变态势,为同类事件的精准决策提供知识化依据(图 3-132)。

图 3-131   图 3-132

②感潮知识库

收集长江潮位影响下的闸门启闭经验。利用知识图谱技术梳理节制闸实体属性及实体关系,包括闸门高度、宽度、材质、开度等;控制室设备、安全设施等;数据采集频率、感潮调度运行计划等信息,以及闸门与控制监测、防汛调度、感潮运行调度之间的关系;控制室与系统设备、工作人员之间的关系;各系统间的数据传输与共享关系等。通过图谱展示各实体之间的关键属性和关系,为用户提供直观的业务分析和决策支持,如闸门开启及关闭的时间、水位变化趋势等。感潮影响下的与闸门启闭相关的操控逻辑及经验知识包括以下几个方面。

a. 闸门开启操控逻辑:先开启中间两孔闸门,再开启两边的闸门。闸门开启时遵循由中间向两边依次开启的原则。

b. 闸门关闭操控逻辑:先关闭两边的闸门,再关闭中间的闸门。闸门关闭时遵循由两边向中间依次关闭的原则。

c. 上扇闸门开启:须遵循当下扇闸门全开到顶,才能启动开启上扇闸门。

d. 上扇闸门关闭:须遵循当下扇闸门全关到顶,才能启动关闭下扇闸门。

③场景服务

通过知识引擎对水利工程各类要素、规则进行数字化关联,驱动实现历史场景关联分析、水利要素快问快答、数字化指令、方案推荐、工程操作规则提示,以及对工作依据、标准、规范的查询等场景服务。

④知识引擎

构建知识引擎,提供知识语义提取、知识推理、知识更新、集成应用等服务能力,构建水利知识搜索服务、问答服务等应用功能,提升工程安全运行全流程智能化、精准化水平(图 3-133)。

（a）　　　　　　　　　　　　　　　　（b）

图 3-133

5. 基础运行环境建设

在实施过程中增加了国产数据库 1 套、国产中间件 2 套、国产服务器操作系统 2 套,三维工作站 1 台以及业务系统基础硬件 1 套等相关硬件设备,为本项目应用部署及控制管理营造国产化运行环境。

6. 数据安全防护

在前端控制设备和核心控制设备之间,进行加密通信,加密模块集成在控制设备中,确保数据传输的安全、稳定;在链路传输方面,进行商用密码产品的建设,确保数据传输的安全性、机密性、完整性。

7. 数据采集通信加密设计

（1）主要功能

水利数据采集通信加密模块在传感终端和上位机之间分别部署,它是一个物理安全的实体。通过密码模块间的身份认证和数据加解密,构建传感终端和上位机间的安全信道。逻辑控制器加密设备主要是对主控端的命令进行加密,对应答进行解密;传感终端加密设备主要是对主控命令进行解密,对应答数据进行加密;加密模块支持对于现有 RS 232 或 RS 485 总线标准电气接口的无损接入。

该加密模块支持国产 SM1、SM2、SM3、SM4 算法以及 RSA、SHA - 1/

256/384/512 等算法,其主要功能特点有:

①数据加密。支持国产 SM1、SM4 对称密码算法。

②工作密钥采用预置的方式,加密模块中包含可编程 CPU,在特殊场合也可以实现密钥协商工作模式。

③加密模块接口采用航空插座的方式实现。

④电源输入采用 12~24VDC 宽压设计。

（2）组成框图

①硬件组成

水利数据采集通信加密模块作为独立的硬件加密模块,串联在传感终端的 RS 485 传输线路中,通过 RS 485 连接,对 RS 485 线路上的双向数据进行加解密运算,保障变送器 RS 485 线路上数据传输的安全。水利传感终端线路保护设备的硬件结构如图 3-134 所示。

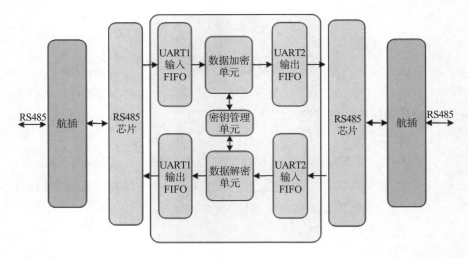

图 3-134

a. 加密模块尺寸为 60 mm×54 mm。

b. 加密模块包括两个 UART、多个数据缓冲、数据加密解密单元和密钥管理单元。

c. 加密模块采用航插方式的 RS 485 与传感器以及逻辑控制器通信,同时预留程序注入接口,方便数据加密模块调试、初始化。

d. 采用 12~24VDC 宽压输入,以适应不同的供电需求。

对加密模块的两路 485 接口都进行了隔离处理,电源及信号的隔离设计可以有效抑制由接地电势差、接地环路引起的各种共模干扰问题,保证总线在严重干扰和其他系统级噪声存在的情况下不间断、无差错运行(表 3-1)。

表 3-1　加密模块主要器件表

序号	名称	描述
1	算法芯片	基于安全算法的高性能 SOC 芯片
2	DC/DC 隔离模块	宽压输入,用于整版的电源隔离
3	485 电源隔离模块	用于模块 485 的电源隔离
4	光耦	用于模块 485 信号隔离
5	RS 485 芯片	用于 485 电平转换

②软件组成

加密模块的软件主要在加密芯片内部运行,实现数据收发、数据解析、报文密钥生成、数据加解密、数据发送、密钥管理等功能。软件主要由数据收发模块、设备管理模块、数据加解密模块和数据调度管理模块 4 个部分组成(图3-135)。

设备管理模块实现设备状态控制、获取和更新配置文件、配置功能参数;数据收发模块通过调用串口通信模块,实现数据的接收和发送;数据加解密模块实现数据的加解密处理;数据调度管理模块实现消息的调度管理。

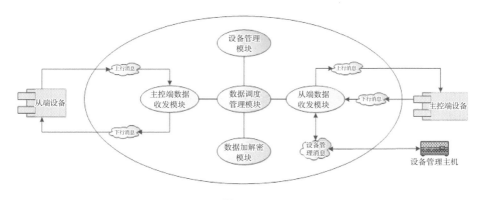

图 3-135

其中,加密设备可配置为主控端加密设备或从端加密设备。主控端设备对下行数据进行加密,对上行数据进行解密;而从端加密设备正好相反,对下行数据进行解密,对上行数据进行加密。

a. 主控端加密设备

主控端加密设备的从端接口连接逻辑控制器,接收控制器的下行数据,并将载荷数据加密后,通过主控接口将加密后的下行数据发送到从端加密设备;同时,主控端加密设备接收从端设备的上行数据,将载荷数据解密后,通过从端接口将解密后的数据发送到逻辑控制器。

b. 从端加密设备

从端加密设备的从端接口连接主控端加密设备,作为从端接收下行数据,并将载荷数据解密后,通过主控接口将解密后的下行数据发送到终端设备;同时,主控端加密设备接收终端设备的上行数据,将载荷数据加密后,通过从端接口将加密后的数据发送到主控端加密设备。

(3)工作原理

数据加密采用数字信封的方式进行加解密处理,根据数据载荷中的目的地址获取对方的加密公钥,使用加密公钥对报文加密密钥进行加密,使用报文加密密钥对明文数据和散列值进行加密(图 3-136)。

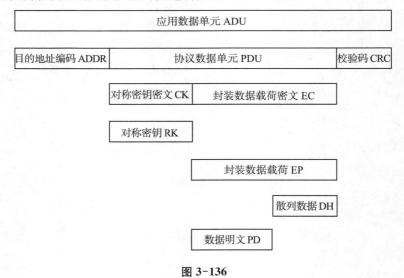

图 3-136

（4）软件工作流程

①设备初始化及配置流程（图 3-137）

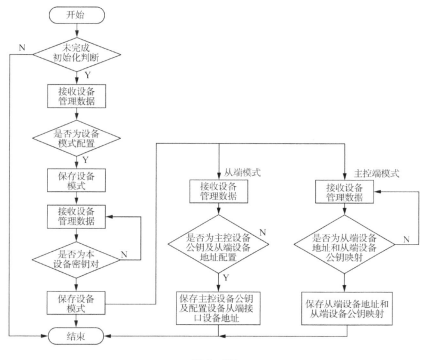

图 3-137

加密设备部署之前，首先对设备进行初始化和配置处理，未完成配置之前，设备不提供业务数据处理功能。设备进行初始化和配置处理如下：

a. 完成设备模式的配置（主控端设备或从端设备）。

b. 导入本设备 SM2 公私密钥对。

c. 白名单信息。

主控端设备：从端设备地址和从端设备公钥映射表。

从端设备：只导入主控端设备公钥并配置从端接口设备地址。

②业务数据处理流程

主控端设备对下行数据进行加密，对上行数据进行解密；而从端加密设备正好相反，对下行数据进行解密，对上行数据进行加密。

主控端设备业务数据处理流程如图 3-138 所示。

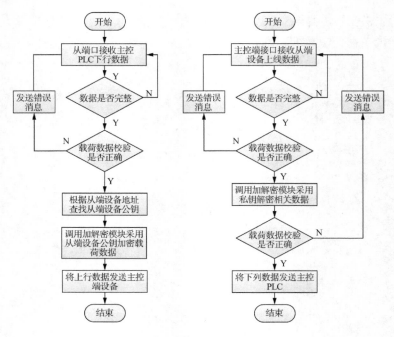

图 3-138

从端加密设备业务数据处理流程如图 3-139 所示。

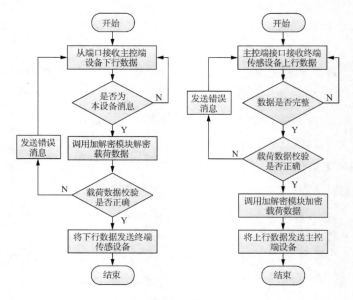

图 3-139

（5）设备配置

设备配置清单见表3-2。

表3-2　设备配置清单

序号	名称	性能参数	设备品牌/型号
一、自动化控制系统国产替代			
1	LCU机柜	（1）室内PS模数机柜尺寸800×600×2 000 mm，双镀锌安装板2.5 mm厚，前后开门，门板厚2.0 mm，侧板厚1.5 mm；柜体：RAL7035，底座：黑色，200 mm厚底座；门开关，门限位，机柜照明，风机过滤网 （2）国产安全逻辑控制器：基于国产操作系统支持展示上下游水位、实时雨量、实时流速、闸门信息、开度、电流数据。具备开启闸门、关闭闸门、停止闸门、全开闸门、全关闸门、全停闸门功能支持将采集到的水文监测数据和工况数据按照《江苏省水文自动测报系统数据传输规约》（DB32/T 2197—2012）进行封装支持白名单管理核心应用，可以添加/修改/删除应用程序白名单执行操作可以选择禁止访问选项，也可以选择不处理选项 具备两种及以上身份认证模式。例如，密码认证登录、指纹认证、面容识别登录等 （3）其他元器件：含空开电源、继电器、防浪涌保护器、数字显示仪表、电流变送器、风机、带灯按钮、指示灯、蜂鸣器、转换开关、加热片、温湿度控制器等	机柜定制国产安全逻辑控制器：幂函数YHDTICS2022-STD
2	加密通信模块	MTBF：≥10 000 h 工作环境温度：0～40℃ 工作环境相对湿度：30%～90% 存贮环境温度：-40～55℃ 存贮环境相对湿度：20%～93%（40℃） 硬件接口：PCI-E 支持的非对称算法：SM2_SIGN、SM2_ENC 支持的对称算法：M1_ECB、SM1_CBC、SM4_ECB、SM4_CBC、AES256_ECB、AES256_CBC 支持的摘要算法：SM3、SHA-1、SHA224、SHA256、SHA384、SHA512 SM1加解密速率×300Mbps级别 非对称密钥数量：16对 密钥加密数量：256支 会话密钥数量：4 096支 文件系统容量：47KBty	易科腾EQDCC120-L-10
3	闸门荷重仪	测量范围99 m，500 t	徐州淮海ZWY-4系列
4	限位开关	定制	定制

续表

序号	名称	性能参数	设备品牌/型号
一、自动化控制系统国产替代			
5	超级夜视摄像机及立杆等安装辅材	(1) 传感器:1/1.8 无光全彩图像传感器 (2) 镜头:2.8 mm、4 mm、6 mm、8 mm 镜头可选 (3) 格式:H.264/H.265,JPEG (4) 分辨率:2 560×1 440/1 920×1 080 (5) 帧率:25 fps (6) 图像设置:饱和度、亮度、对比度、白平衡、增益,通过客户端软件可调 (7) 有线网络:RJ45,10M/100M 自适应以太网口 (8) 无线网络:支持 SIM 卡,LTE－TDD/LTE－FDD/TD－SCDMA/EVDO 4G/5G 无线网络传输 (9) 支持协议:TCP/IP、HTTP、DHCP、DNS、RTP/RTSP、FTP、ONVIF、28281 (10) 存储功能:支持 TF 卡,256G MAX (11) 通信接口:1 路 RS 485 (12) 触发输入:1 路外部触发信号 (13) 电池类型:磷酸铁锂 (14) 电池容量:60 Ah (15) 工作温度:充电 0～45℃,放电－20～55℃ (16) 电池电压:11～13.4 V (17) 使用寿命:循环 1 000 次,容量保证 80%以上 (18) 立杆:优质材质,高度不低于 3.5 m (19) 设备箱等辅材:选取优质设备,保证功能及质量	升默 Sunpv－K4
6	线缆等辅材	电源线、信号线、控制线、接地线、双绞线等	国产优质
7	备品备件	提供相关电器元件的备品备件及专用工具	配套优质
8	机柜安装调试	安装、运输等	国产优质
二、控制室配套设施建设			
9	控制台	(1) 预估尺寸:7 000×950×780 mm (2) 框架结构:内部主框架采用 1.5 mm 厚镀锌钢板,主框架采用模块化搭接 (3) 台面板:采用颗粒板双贴进口 HPL 热固性树脂浸渍纸高压装饰层积板,整体厚度不低于 25 mm。每组桌面间需使用定制拉耳连接栓连接,截面需安装定制水平定位件,使桌面更加平整,两桌面间缝隙更小,整体更美观、工艺性更强 (4) 台面边缘:台面边缘的手枕边位为聚氨酯材质加工形成,通过波浪式齿形与台面板连接,以保证台面边位的平整性和可靠力度;确保工作人员长期工作的舒适度,避免疲劳及损伤肢体 (5) 前后门板:1.2 mm 厚的鞍钢优质冷轧钢板采用数控冲压、数控剪板、数控折弯、数控焊接等现代化加工工艺加工而成,连接铰链使用优质五金件,具有质量轻、手感好、开关门噪音小等优点,保证 100 000 次无障碍开启。铰链安装方式为快装式,方便安装和拆卸	

序号	名称	性能参数	设备品牌/型号
二、控制室配套设施建设			
9	控制台	(6)散热设计:综合热空气从下向上流动的物理特性,在主框架底部设置散热孔作为进风孔,在门板设置散热网板作为出风孔,这样的散热设计可以保护设备长时间可靠安全运行。柜内设有散热风扇、PDU 电源分配模块,所有电气件符合国标要求	国产优质
10	控制室工作站	飞腾 D2000,8 核 CPU,支持 2 通道 DDR4 UDIMM 内存插槽,最大 64G、板载 M. 2 接口,支持 3.5/2.5 英寸硬盘,标配独立显卡/键鼠/显示器	坤前 KF5100 - LC3
11	控制系统服务器	Hygon G5 5385(2.5GHz/16 核/32MB/135W),128G 内存,2×480G SSD,2×2.4T 10k SAS,2 个万兆光口(含模块),4 个千兆电口	新华三 R4930 系列
12	国产服务器操作系统	支持飞腾、龙芯、兆芯、海光、申威、鲲鹏系列 CPU	银河麒麟 V10
13	全面屏电视	端口参数:HDMI(ARC)接口 规格参数:单屏尺寸 85 英寸 功耗参数:电源功率 450 W、待机功率 0.5 W、工作电压 220 V 核心参数:存储内存 64 GB 类型:智能电视 显示参数:对比度 1 200∶1、色域值 85%、支持格式(高清)2 160p、HDR 显示、支持 HDR、屏幕分辨率超高清 4K	小米 86 系列
14	安装墙面装修	定制	定制
15	安装辅材	安装调试过程中的网线、电源线等	国产优质
16	安装调试	控制台、服务器、全面屏电视等的安装调试以及线缆走线、铺设等	国产优质
三、基础运行环境			
17	国产数据库	提供大型关系型数据库通用的功能,丰富的数据类型、多种索引类型、存储过程、触发器、内置函数、视图、Package、行级锁、完整性约束、多种隔离级别、在线备份、支持事务处理等通用特性,系统支持 SQL 通用数据库查询语言,提供标准的 ODBC、JDBC、OLEDB/ADO 和. Net Provider 等数据访问接口等	神通
18	国产中间件	服务器软件 Tongweb V7.0,为 java e/jakartaee 应用提供运行支撑环境,提供应用部署、动态管理等功能,支持 web 容器、ejb 容器、数据源服务、集群服务等功能	东方通 Tong-web V7.0

续表

序号	名称	性能参数	设备品牌/型号
三、基础运行环境			
19	国产服务器操作系统	支持飞腾、龙芯、兆芯、海光、申威、鲲鹏系列 CPU	银河麒麟 V10
20	三维工作站	海光 3285×2/32G×2/1T+2T×2/RTX3090-24G,配键鼠/显示器	中科可控 W550-H30
21	业务系统基础硬件	服务器 2 台:Hygon G5 5385(2.5 GHz/16 核/32 MB/135 W),128G 内存,2×480G SSD,4×1.92T SSD,2 个万兆光口(含模块),4 个千兆电口	新华三 R4930 系列
四、数据集成应用建设			
22	数据集成:详见技术文件,包括节制闸 BIM 建模以及倾斜摄影建模相关工作		定制
23	模型库:详见技术文件		定制
24	知识库:详见技术文件		定制
五、应用系统			
25	集中控制:详见技术文件		定制
26	成果展示:详见技术文件		定制
27	综合管理:详见技术文件		定制
六、对接			
28	与管理处现有相关系统对接,主要包括:对接现场已建水雨工情监测系统、接收数据、现有视频监控系统、正在开发的相关模型等		定制
29	与省厅平台对接,主要包括:新建的数据集成应用、业务系统数据等		定制

3.1.4.4 平台功能

1. 武定门闸智控平台

平台通过对多个国产安全逻辑控制器的控制、水文数据感知,利用多个闸门之间的协同调度,完成诸如流量曲线计算识别、调度指令转换等复杂业务场景的实现(图 3-140)。

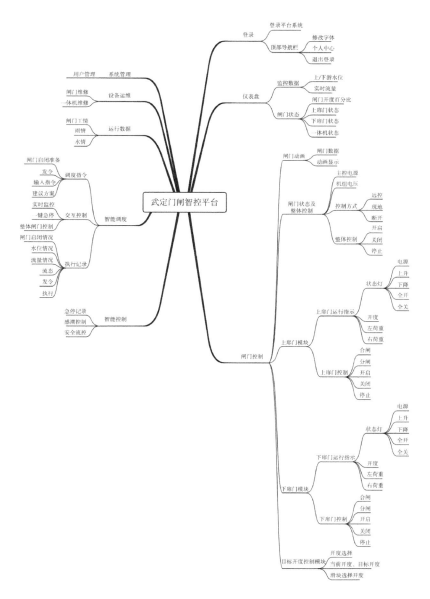

图 3-140

（1）登录界面

①登录

输入正确的用户名、密码以及验证码后，点击"登录"，即可登录武定门闸智控平台。用户名、密码、验证码其中一项或几项输入错误,且错误达 10 次时,提示"密码错误超过限制,请 10 分钟后重试"(图 3-141)。

图 3-141

②顶部导航栏

a. 修改字体(图 3-142)

顶部导航栏设有修改字体按钮,支持修改页面字体大小。

图 3-142

b. 个人中心

点击"个人中心",可进入个人中心页面(图 3-143)。

(a)

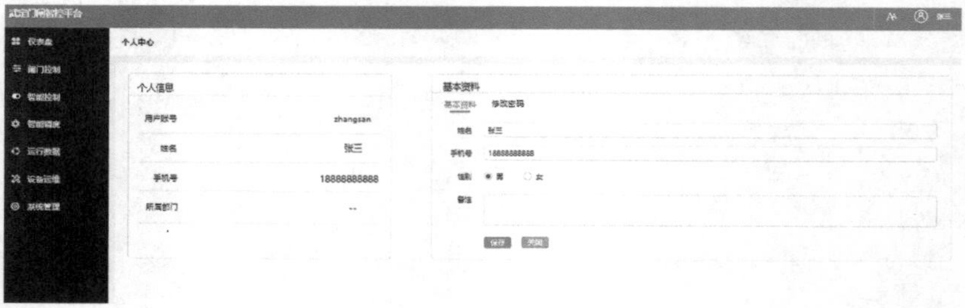

(b)

图 3-143

（2）设备管理

设备列表。显示设备名称、在线状态、主机 IP，以及一体机的操作控制台入口。

设备控制台。提供闸门控制界面，可展示水位、流速、流量、闸位等信息；具备闸门控制逻辑验证功能，防止出现违规操作；具备一键急停功能，紧急情况下可停止所有设备操作；具备维修状态功能，在该状态下屏蔽闸门流量计算，同时关闭限位，可使闸门开到顶部。

（3）仪表盘

仪表盘展示武定门闸实时信息，包括上游水位、下游水位、流量、闸门状态、一体机状态等（图 3-144）。

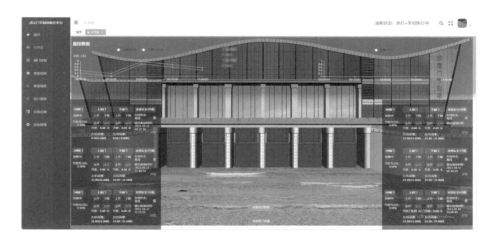

图 3-144

仪表盘为本平台默认显示界面，未登录时显示仪表盘，此时仅显示数据实时更新，不能进入闸门详情页（图 3-145）。

一体机状态位于闸门状态模块的下方，显示 6 个水鸿安全一体机的实时状态，包括在线/离线状态、最近离线时间。在线时信号灯为绿色，异常时为黄色，离线时为灰色（图 3-146）。

（4）集中控制

①智能控制

感潮控制功能。当接收到防指中心发布的调度指令后，根据闸门上下游水位情况，结合当前潮位数据，感潮知识库做出合理决策，指导武定门节制闸

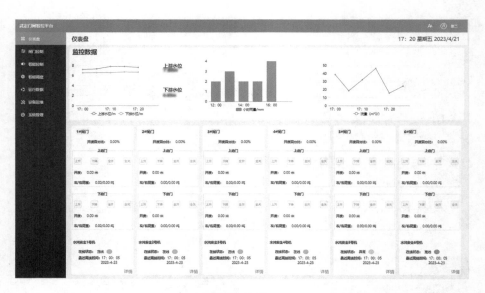

图 3-145

图 3-146

工程调度,可通知工作人员或者自动关闭闸门。

安全流控。利用闸门上下游水位实时计算流量曲线,确保闸门水位处于安全范围。一旦超过安全界限,后台界面将弹出告警,提示工作人员做出处理。

交互控制。执行推荐方案,过程中实时展示当前闸门开度、流量、水位等数据和安全曲线的比较关系,一旦出现越界情况,及时提示工作人员给出判定界面,选择是否进行下一步操作。

②控制管理平台

实现统一平台查看节制闸工程运行状态、预警信息,并能直接对节制闸工程的设备进行控制。当发生严重故障时,能自动关闭相应设备,以保障工程安全;支持控制日志查看功能。主要功能覆盖:GIS 功能(系统内置 GIS 引擎,与节制闸联控联调实现矢量图层面的原生一体化)、实时监视与控制、调度指令管理及过程线管理。

GIS功能。将GIS矢量图形系统的"点—线—面"的概念引入节制闸联控联调的矢量图形结构中,从而实现矢量图形系统的统一(图3-147)。

图 3-147

实时监视与控制。实时监视包括闸门工情、水雨情实时监测和显示。实时控制功能主要是对闸门启闭机发出启动、停止等运行控制指令,集中指令控制设备的运行。

调度指令管理。武定门节制闸执行江苏省防汛抗旱指挥中心下发的调度指令,将调度指令转换为闸门操作规则,包括开闸数量、闸门开度及持续时间等,将具体的操作指令下发至闸管所(图3-148)。

过程线管理。过程线管理根据数据的显示内容,分实时趋势和历史趋势两种。实时趋势主要以查看当前数据变化为主,曲线变化随时间变化实时绘制;历史趋势除具有实时趋势功能外,还具备翻看数据历史值的功能。

(a)

（b）

图 3-148

（5）闸门管理

闸门管理展示 6 个闸门的详情页面，每个闸门的详情页包含控制该闸门上/下扉门开启、停止、关闭、合闸、分闸的控制按钮，上/下扉门各自的开度、左右荷重等信息，以及上升、下降、全开、全关等闸门状态。

闸门控制模块左侧增加了闸门动画，闸门动画中显示闸门开度百分比、闸门开度以及上/下扉门开度，动画中上下游水位处显示对应的水位信息（图 3-149、表 3-3）。

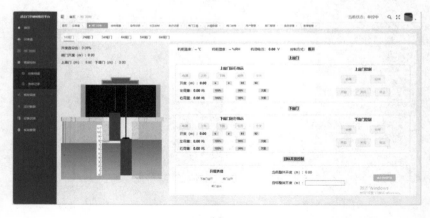

（a）

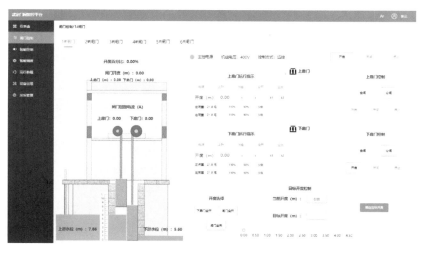

（b）

图 3-149

表 3-3 上/下扉门控制操作说明

上/下扉门控制模块	上/下扉门运行指示	上/下扉门状态	电源：上下扉门电源情况 上升：点击开启后状态 下降：点击关闭后状态 全开：下扉门开度＝10 m，上扉门开度＝2 m 全关：上/下扉门开度＝0 m 不显示：点击停止后状态
		开度（m）	例：0.50，精确到小数点后两位
		左/右荷重	上/下扉门的左右荷重精确到小数点后一位
	上扉门状态对应操作		上升/下降：开启—禁用、关闭—禁用、停止—启用； 下扉门开启 & 关闭 & 停止—禁用； 全开：开启—禁用、关闭—启用、停止—禁用； 下扉门开启 & 关闭 & 停止—禁用； 全关：开启—启用、关闭—禁用、停止—禁用； 不显示：开启—启用、关闭—启用、停止—禁用； 下扉门开启 & 关闭 & 停止—禁用
	下扉门状态对应操作		上升/下降：开启—禁用、关闭—禁用、停止—启用； 上扉门开启 & 关闭 & 停止—禁用； 全开：开启—禁用、关闭—启用、停止—禁用； 上扉门开启—启用、关闭—禁用、停止—禁用； 全关：开启—启用、关闭—禁用、停止—禁用； 上扉门开启 & 关闭 & 停止—禁用； 不显示：开启—启用、关闭—启用、停止—禁用； 上扉门开启 & 关闭 & 停止—禁用
	合闸		合闸即接通闸门电源
	分闸		断开闸门电源

（6）智能控制

①急停记录

急停记录用于记录一键急停功能的使用情况，便于操作人员操作后复盘、追查记录。此外，用户点击"编辑"按钮可以填写备注（闸门、急停时间、操作人由系统根据操作生成，无法修改），记录某次急停的原因，需要导出记录时点击"导出"即可导出急停记录文件（图 3-150）。

（a）

（b）

图 3-150

②控制场景

控制场景根据限制条件来控制闸门，闸门根据水位而自动调节开度，做到保持水位范围。

控制场景的添加流程：点击"新增"按钮，弹窗显示新增控制场景需要填写的内容，填写完内容后，点击"确定"弹窗关闭，一个控制场景即创建成功。该场景此时处于禁用状态，需操作人员将闸门调整至全关状态，再点击"启用"，此时闸站处于该场景控制下，若操作人员手动点击其他页面上的相关闸门控制按钮（如闸门控制页面、交互控制、一体机 app 上的控制按钮），系统会弹出下拉框提示已退出自动控制场景，且该场景由启用变为禁用（图 3-151）。

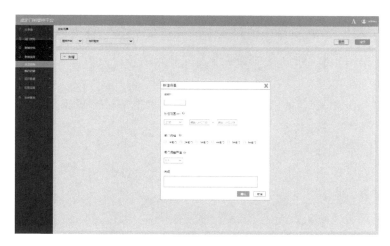

（a）

（b）

图 3-151

水位。选择维持上游或下游水位,输入需要维持的水位范围,闸门将根据水位自动来回调整开度,以保证上游/下游水位在维持范围内。场景启用前需确认所有闸门均处于全关状态;场景启用后,若上游/下游水位处于范围内,则闸门维持原状。

闸门以输入的闸门调整开度为固定开度,开启或关闭闸门时,闸门一次性调整至固定开度或从固定开度关闭至开度为零。例如,操作人员选择 3#、4# 闸门,选择维持上游水位,输入的闸门调整开度为 3.0 m,此时闸门全关。当上游实际水位高于维持上游水位范围上限时,3#、4# 闸门一次性开至 3.0 m,之后,若上游水位在范围内,则保持在 3.0 m 的开度;若检测到上游水位持续低于维持上游水位范围下限时,闸门关闭。

闸门选择。选中的闸门作为控制场景的操作闸门,水位不在范围内需要开启或关闭闸门时,平台将根据操作人员输入的调整开度来控制闸门自动调整开度。

闸门调整开度。输入的闸门调整开度为水位超过或低于范围时,闸门自动调整的开度数值。

(7)智能调度

操作人员根据收到的命令,在交互控制页面点击"新增记录",弹窗填写启闭记录表,点击"确定"按钮即关闭弹窗,进入闸门命令执行状态。此时,在闸门控制菜单模块或此交互控制页面执行操作,操作结束后,点击页面上的"操作结束"按钮,即完成一次调度。调度中的操作记录可在此模块的执行记录中查看(图 3-152)。

(a)

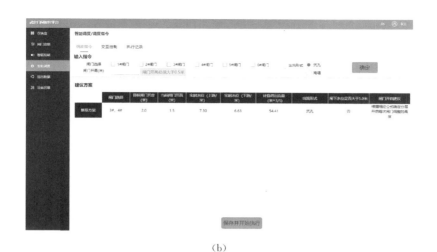

（b）

图 3-152

交互控制页面分为实时监控模块、启闭记录及闸门开关综合模块、一键急停模块以及下方的闸门控制模块(图 3-153)。

（a）

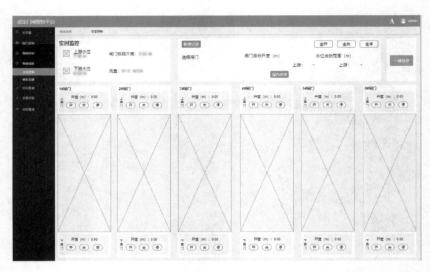

（b）

图 3-153

（8）运行数据

展示平台上记录的各种运行数据，包括水位、流量、闸门开关操作记录等信息。

①闸门工情

闸门工情展示闸门操作记录及操作时实时的水文信息（图 3-154）。

图 3-154

闸门工情所展示的一条闸门操作记录包括控制方式、操作来源、操作时间、闸门变动情况、运用闸门、启闭高度、出流形式、上/下游水位、流量、备注、操作人。

②水情数据

水情数据展示规定时间点上报的水位、流量信息(图 3-155)。

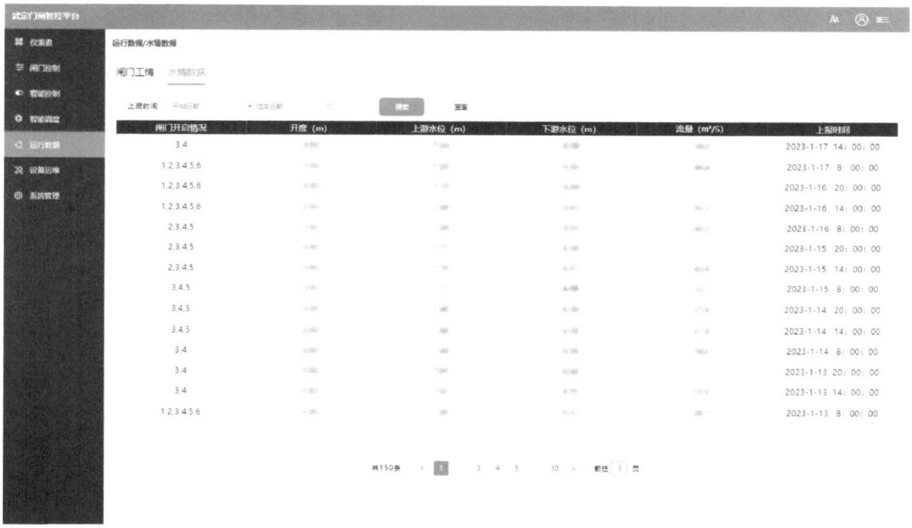

图 3-155

(9)闸门维修

点击"新增"按钮,弹窗显示添加新增闸门维修记录页面。在闸门维修前填写"维修工单",选择需要维修的闸门,填写闸门预计维修开始时间、结束时间、维修内容以及备注,点击"确定"后新增此条记录,点击"取消"则关闭弹窗(图 3-156)。

(10)系统管理

系统管理有用户管理、角色管理、部门管理三个菜单模块。用户管理模块用于创建新的用户账号、修改账号信息、删除账号信息;角色管理模块用于创建新的角色、修改角色信息、删除角色信息;部门管理模块用于创建新的部门,系统管理员在为账号填写相关信息时,可直接划归所属部门(图 3-157)。

图 3-156

图 3-157

2. 武定门节制闸数字孪生工程管理平台

该平台主要包括统一平台认证登录、成果展示、综合监视、工程安全、漂浮物识别、统计分析、综合管理等内容。

（1）统一平台认证登录

定制开发武定门闸数字孪生工程统一认证登录平台,管理人员按照权限进行业务管理及查询,包括统一用户信息管理、功能模块化管理和权限角色管理(图 3-158)。

图 3-158

（2）成果展示

①综合信息展示

综合信息主要展示的对象是工程概要信息、监测站点信息等，包括节制闸概况、水雨情、水量、潮位、工情、视频、工程安全监测等信息。主要功能包括一张图服务、浏览管理(地图多场景切换)、快速定位等(图 3-159)。

图 3-159

②三维展示服务

三维展示服务的对象是武定门节制闸工程和设施,当选择武定门节制闸工程时,系统将直接切换至该节制闸范围的三维场景总体预览视角。服务主要功能包括总体模型显示和地图多场景切换(图3-160)。

图 3-160

③外部系统成果接入展示

对接省有关流域调度平台,从流域角度展示包括且不限于以下内容:秦淮河流域当前及未来防洪态势、流域预报调度一体化计算成果中涉及武定门节制闸的预案结果等(图3-161)。

图 3-161

通过获取秦淮河流域预报调度一体化成果,从流域角度展示与武定门闸有关的数据,实现从流域角度整体把控武定门现在及未来态势(图 3-162)。

图 3-162

(3)综合监视

以列表形式动态展示武定门节制闸范围内的实时水情、实时雨情、工程运行状态等;以各类统计图表方式展示预警、分析统计以及降雨预测分析统计结果;支持信息自动刷新展示及预警闪烁(图 3-163)。

(a)

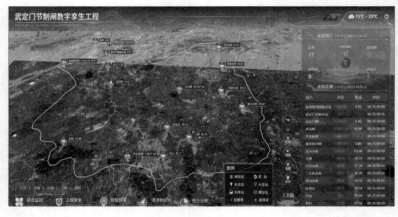

(b)

(c)

(d)

（e）

图 3-163

（4）工程安全

获取工程安全监测数据信息，展示节制闸水平位移、垂直位移河床断面、伸缩缝、压力等监测数据（图 3-164）。

（5）漂浮物识别

利用现有视频管理平台，完成新增 2 路视频监控设备的接入，同时接入此 2 路智能漂浮物识别模型的识别结果。预留漂浮物识别预警、报警信息接口，对漂浮物识别结果进行异常预判，并实时告警，提升预警能力，保证闸门在进行操作时闸门附近无漂浮物（图 3-165）。

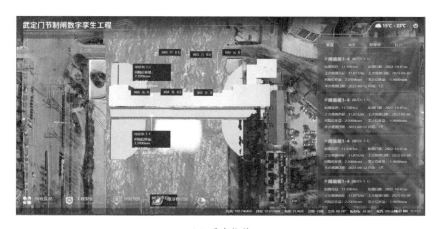

（a）垂直位移

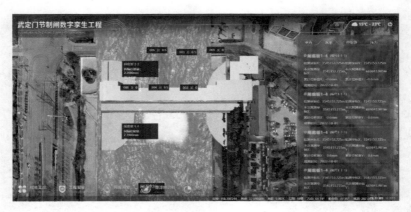

（b）水平位移

图 3-164

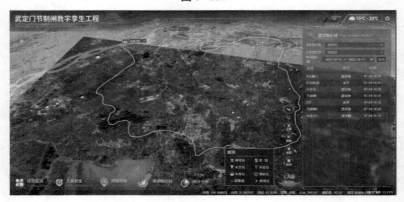

（a）漂浮物管理

（b）漂浮物识别

图 3-165

（6）统计分析

对各类数据进行统计分析，以多种可视化形式展现，包括水情、雨情、工情等报表模板的配置、报表生成、报表统计、编辑、存储与打印等功能，及时掌握武定门节制闸范围内的水文、水利工程运行等综合状况（图3-166）。

（7）综合管理

综合管理包括系统登录、菜单管理、菜单权限和用户管理、后台日志管理、信息格式自定义管理、数据库备份、设备管理等功能。

为了保证各业务系统的协调性、安全性及权限的统一管理等，增加系统管理，建立数据维护管理模块。

（a）水情日报

（b）水情月报

(c) 雨情报表

(d) 工情报表

图 3-166

①系统登录

设置用户名称、密码、用户角色等信息，提供人员的用户登录名及密码，可支持用户信息的增、删、改（图 3-167）。

图 3-167

②菜单管理

提供系统功能菜单的增、删、改功能(图 3-168)。

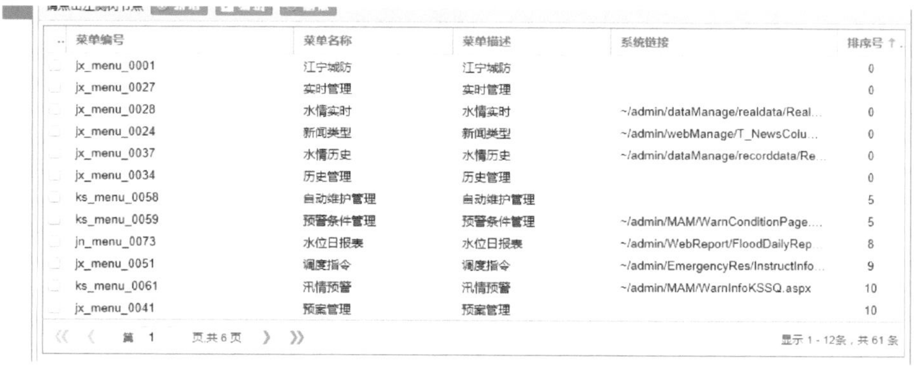

菜单编号	菜单名称	菜单描述	系统链接	排序号
jx_menu_0001	江宁城防	江宁城防		0
jx_menu_0027	实时管理	实时管理		0
jx_menu_0028	水情实时	水情实时	~/admin/dataManage/realdata/Real...	0
jx_menu_0024	新闻类型	新闻类型	~/admin/webManage/T_NewsColu...	0
jx_menu_0037	水情历史	水情历史	~/admin/dataManage/recorddata/Re...	0
jx_menu_0034	历史管理	历史管理		0
ks_menu_0058	自动维护管理	自动维护管理		5
ks_menu_0059	预警条件管理	预警条件管理	~/admin/MAM/WarnConditionPage....	5
jn_menu_0073	水位日报表	水位日报表	~/admin/WebReport/FloodDailyRep	8
jx_menu_0051	调度指令	调度指令	~/admin/EmergencyRes/InstructInfo...	9
ks_menu_0061	汛情预警	汛情预警	~/admin/MAM/WarnInfoKSSQ.aspx	10
jx_menu_0041	预案管理	预案管理		10

第 1 页,共 6 页　显示 1 - 12条,共 61 条

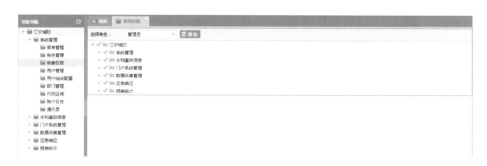

图 3-168

③菜单权限和用户管理

用户不直接跟菜单权限发生联系,而是通过用户组实现授权管理,管理用户组对所有的菜单项具备的操作权限包括增加、删除、修改、查询等,同时对所有操作用户进行增加、删除、修改、查询管理。用户管理主要包括:用户ID、用户登录名、用户名称、用户密码、用户所属组等(图 3-169)。

图 3-169

④后台日志管理

查看账户日志信息,提供账户日志信息的删除、查询,支持信息导出(图 3-170)。

图 3-170

⑤信息格式自定义管理

用户可以根据需要对发送的预警短信格式进行自定义,定义各种短信模板以满足不同时期的需要(图 3-171)。

图 3-171

⑥数据库备份

系统提供定期自动备份及用户手动备份功能,以及时备份数据库,保障各类数据安全。

⑦设备管理

对水雨情测站设备进行监管;对水位、雨量等异常数据进行识别、拦截、修正等(图 3-172)。

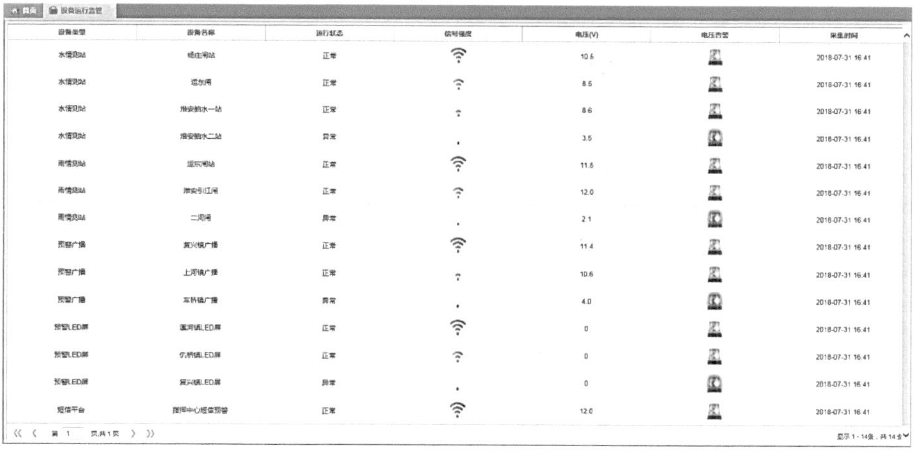

图 3-172

3.1.5　数字水域漂浮物智能检测

3.1.5.1　功能概述

　　利用在线监测网络,搭设物联网感知采集层系统,对管理处属工程武定门闸、武定门站、秦淮新河闸站管理范围、安全警戒区(水域)进行实时数据监测和视频监控,内容涵盖区域图像覆盖、算法布放、平台部署、感知预警以及动态展示等,实现对目标、突发事件的适时监控预警,提高工程管理信息化水平,保障工程高效安全运行。

3.1.5.2　功能分析

　　1. 水面漂浮物分析

　　该板块能够查询区域漂浮物的情况,同时记录异常事件人员处理情况。功能与阈值匹配记录的区别在于,本功能涵盖阈值匹配记录,增加了事件处理过程。

　　展示记录漂浮物事件,支持漂浮物监测事件清单展示,判断异常事件处理时效(事件发生至事件处理结束之间的时间长度),对异常事件发生后两小时未处理事件标注为超时事件。展示事件处理过程、展示事件处理人信息，支持工作人员通过手持终端对异常事件接单等操作。

2. 安全范围防入侵检测

设置流域安全范围，通过识别检测场景中已分割的区域，对比监控安全范围内是否有其他人员侵入等情况。

支持巡检记录管理和维护，管理人员能够通过管理平台和手持终端查看巡检记录。巡检记录包含巡检地点（摄像头、地点）、巡检时间、巡检人、是否异常、是否补录、事件上报和附件记录等功能。工作人员能够通过手持终端完成巡检地点二维码扫描（地点信息）、数据填报等。

3. 预警设置

设置预警规则和报警规则，针对固定场景中分割、识别出的漂浮物的量判断，超出设定阈值时根据报警规则设定的内容，定向通知系统用户。

4. 移动终端需求

本系统配套开发移动终端，为便捷巡护人员和管理人员，配套提供移动终端应用。移动终端涵盖接收消息预警和报警通知、异常处理等功能。

5. 系统性能需求分析

（1）算法识别效率小于 3 秒。

（2）算法识别准确率达到 90%。

（3）单记录互联网查询的响应时间小于 2 秒。

（4）能满足同时在线 500 人的用户需求，查询响应时间小于 5 秒、统计响应时间小于 10 秒。

（5）系统访问速度依赖于局域网和网络服务提供商。

（6）系统应至少实现 7×24 小时运行能力，当运行恢复时，数据和流程不能丢失，并可以继续完成。

（7）系统稳定性要求。软件应有健壮性、容错性，软件系统要在用户进行非法操作、相关软硬件系统故障等情况下仍能正常运行，这需要软件架构异常处理机制完善。

6. 系统安全需求分析

根据《信息安全技术 政府门户网络系统安全技术指南》（GB/T 31506—2015），系统的安全风险包括：物理安全（即不可抗拒的外界因素导致的安全问题）、操作系统安全、数据库安全、应用系统安全和用户权限管理。

7. 数据库安全要求

（1）数据库管理系统本身的安全等级达到二级等保要求。

（2）必须能通过对主体识别和对客体标注，划分安全级别和范畴，实现由操作系统对主客体的访问关系进行控制。

（3）必须能够对与数据库安全有关的事件进行跟踪、记录、报警和处理，供有关人员进行分析。

（4）必须能够按照最小授权原则，对数据库管理员、软件开发人员、终端用户授予各自为完成自身任务所需的最小权限。

8. 应用系统安全要求

（1）在用户登录前，应用软件本身必须对当前的运行环境进行一系列的合法性检查，如果软件系统本身的配置数据被改动，系统要拒绝该用户登录。

（2）应用软件必须提供一种或几种有效的加密方式，对敏感数据库的存储进行加密处理。

（3）应用软件必须对每一位使用应用软件的操作人员，进行其身份和权限的验证。

（4）应用软件设计中应该对非正常掉电、关机和其他软硬件故障造成的软件中断运行时的现场具有一定程度的保护和恢复功能。

（5）应用软件必须做到对单条记录的修改和删除操作可以撤销，防止由于误操作而造成不可恢复的情况产生。

（6）应用软件应该具有检测非正常操作通道或非正常操作的能力，一旦发现问题，应该向操作员发出警报，指出错误的来源并有改正措施。

（7）应用软件必须做到对于启动任何一个有潜在风险的功能，至少要有两个或两个以上的确认动作给用户以纠正错误的机会，借以避免因偶然的误操作造成不可恢复的错误。

9. 操作系统安全要求

（1）操作系统的安全等级达到 C2 级。

（2）能够通过对主体识别和对客体标注，划分安全级别和范畴，实现由操作系统对主客体的访问关系进行控制。

（3）必须能对安装制订的安全审计计划进行审计处理，包括审计日志和对违规事件的处理。

（4）系统必须具备自身保护能力，黑客和一般用户不能蓄意或无意卸掉本系统，也不能改变或删除本系统的文件和数据。

10. 物品识别算法

物品识别算法是本系统核心部件之一，为后续处理漂浮物和人员入侵安全区域界定提供基础支撑。算法基于背景减除和图像分割等方法确立。利用当前图像帧与背景图像差分的技术检测图像中的变化区域，从所有变化区域中将对应物品的区域单独提取出来。

（1）物品特征提取。目标特征化是实时、准确识别目标的关键。作为关键步骤，特征提取的目的是获取一组分类特征，即获取特征数目少且分类错误概率小的特征向量。一般特征提取分为特征形成、特征选择和特征分析几部分。

（2）物品识别与分类。目标的识别是一种标记过程，主要用于识别监测场景中已分割的区域。现阶段主要采用决策理论方法和结构方法。决策理论方法以定量描述为基础，即统计模式识别方法；而结构方法依赖于符号描述。

（3）算法管理。上传漂浮物识别算法和人物识别算法，能够对算法进行更新等操作。

（4）算法运行状态管理。算法运行状态管理可以帮助管理人员实时查看当前算法运行状态，对算法分析模块进行打开和关闭等操作。

（5）算法交互。数据交互服务为图像识别算法提供数据接收服务，图像识别模块对分析出的具体事件，通过本服务，将事件消息记录并推送。

服务接收识别到事件关键信息，根据事件种类，存储相关信息。入侵检测信息包含调用地址、疑似物体（人、动物、其他）、时间、地点（哪个摄像头对应的位置）、摄像头、视频帧（文件服务器地址）。漂浮物识别包含调用地址、疑似物体（物品种类）、时间、地点（哪个摄像头对应的位置）、面积、体积、流速、摄像头、视频帧（文件服务器地址）等信息。存储相关信息，并且调用监控预警模块进行事件监管。

系统支持服务状况查看，服务调用日志查看、导出等功能。

11. 异常元数据管理

筛选算法计算出的异常情况和异常数据，为后期安全预警提供基础数据支撑。

3.1.5.3 总体方案

1. 总体设计目标

（1）自动采集、分析固定区域内漂浮物特征和漂浮物种类，能够准确识别固定区域中的漂浮物，按照平台预警规则，24 小时对监控区域进行安全监测。

（2）实现安全范围内人员入侵检测，实时检测非必要人员进入管理区域。

（3）通过 Web 系统、APP、大屏可视化等多种形式动态展示水域整体情况，帮助管理部门管理所属水域。

2. 总体设计原则

（1）标准化。本平台采用的技术架构均遵循网络协议和传输标准的要求，相关开源代码及原创技术均符合国际技术组织条款规范。提供文档标准化，满足《计算机软件文档编制规范》（GB/T 8567—2006）、《信息技术 软件工程术语》（GB/T 11457—2006）的国家标准。

（2）可扩展性。由于用户以后的需求会不断发展，使用人数将随之扩大，业务压力也不断上升，需要横向扩展增加服务器台数，而不用添加其他附加设备，以保证用户的原投资被充分利用。

（3）易用性。该系统使用界面良好，用户无须安装客户端软件，只需通过浏览器就可进行实时操作，同时系统架构设计优良，方便系统升级。

（4）开放式架构。该系统内置数据交换适配平台可以与第三方系统相融合，能读取第三方系统的相关数据，同时为第三方系统提供其需要的相关数据及标准的 WebService 接口，具有开放式结构。

（5）完善和可靠性。具有设计独到的功能使用及数据访问权限控制，保证统一、规范管理，支持 3DES 和 RSA 加密技术，使数据存储和传输安全可靠。系统具有错误故障日志记录功能，便于快速诊断定位问题。

（6）实时性。该系统支持负载均衡技术，及时响应多人实时并发操作。

（7）先进性。基于统一的整体架构，采用先进的、成熟的、可靠的技术与软硬件平台，保证数据仓库系统易扩展、易升级、易操作、易维护。

（8）高效性。线性扩展的 TDH 数据仓库平台，保证了 ETL 时间的窗口以及查询效率。数据抽取的特殊性是通常在夜间业务稀少的情况下进行数据抽取，减少了对其他系统的影响。

（9）正确性。数据质量贯穿数据仓库系统建设的每个环节，数据仓库系统通过合理的数据质量管理方法论保证数据质量。

3. 总体架构设计

（1）技术组件

整体系统结构如图 3-173 所示。算法分析模块从硬盘刻录机直接读取视频数据，同时为运营管理平台提供数据支撑。运营管理平台一方面控制摄像头等设备的绑定和位置关系，另一方面同算法分析模块联动，对漂浮物和入侵情况进行自动化识别。运营管理平台包含消息推送、设备管理、事件管理、阈值预警、事件跟踪等功能。

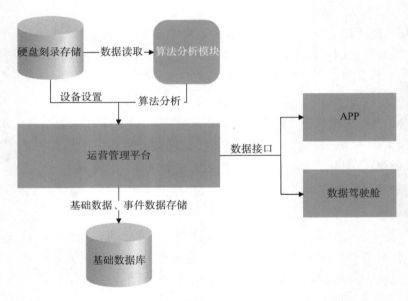

图 3-173

（2）系统拓扑（图 3-174）

数据感知层：前端摄像机可以部署于重点巡视区域。视频和抓拍图片推荐存储于边缘端 NVR 设备中。

网络传输层：数据可采用局域网/互联网的方式进行传输。

行业应用层：IVS 行业应用平台可与 NVR 进行对接，并对 NVR 所属的视频通道进行预览和抓图；也可直接与前端摄像机进行对接，进行预览和抓图。

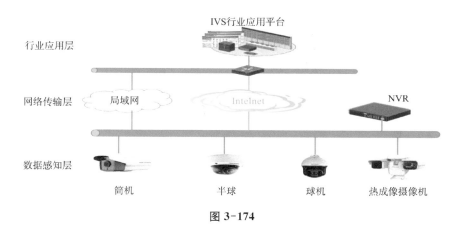

图 **3-174**

（3）系统架构（图 3-175）

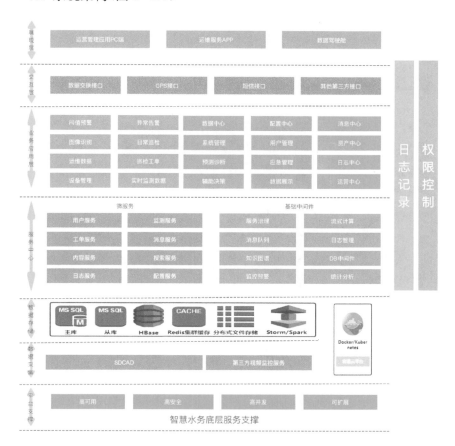

图 **3-175**

（4）基础管理模块

①用户管理

用户管理功能如图 3-176 所示。

图 3-176

组织结构树：能够加载系统组织结构树、查询组织结构，并且根据组织结构（A）和查询条件（B）查询列表内容（C）。

查询条件：根据登录账号、用户昵称、角色、手机号码、状态等进行查询。

列表展示：一页显示 10 条，展示账号、用户昵称、单位、角色、状态等信息，要求 table 支持数据查询和刷新操作。

支持批量（Excel 导入）和单次新增用户，新增时均要判断手机号是否重复，密码以 MD5 加密方式存储；支持批量 Excel 导出用户；对已存在用户进行修改操作时回显用户信息，同时要判断修改后的手机号是否重复，修改时不允许修改创建时间和创建人等信息，要记录修改时间和修改人等信息；支持账户删除操作，账户删除以软删除方式进行；支持批量删除操作；支持单个用户密码重置操作。

②单位管理

单位管理功能如图 3-177 所示。

查询条件：根据单位名称、状态等进行查询操作。

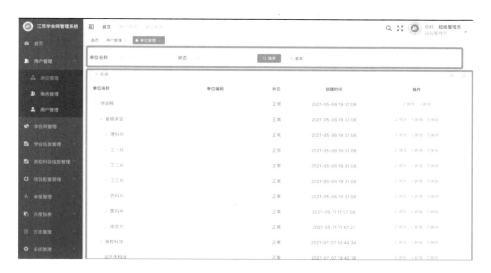

图 3-177

列表展示：以树形结构展示单位名称、状态、创建时间、创建人等，要求 table 支持数据查询和刷新操作。

支持单位新增功能，用户新增单位时允许用户选择上级单位、填写单位名称和单位状态后完成单位新增，新增时校验同级状态可用单位中单位名称是否重复，不重复方可新增；单位修改操作要求回显单位信息，校验同级状态可用的单位中单位名称是否重复，不重复方可完成修改；支持单位删除操作，单位删除以软删除方式进行。

③角色管理

角色管理功能如图 3-178 所示。

查询条件：根据角色名称、权限字符、状态等进行查询操作。

列表展示：一页默认展示 10 条（可修改），展示角色名称、权限字符、显示顺序、状态等，要求 table 支持数据查询和刷新操作。

支持角色新增功能，用户新增角色时填写角色名称、角色标识、显示顺序、菜单权限和状态后完成角色新增，新增时校验状态可用角色中角色名称是否重复，不重复方可新增；支持角色修改操作要求回显角色信息，校验状态可用角色中角色名称是否重复，不重复方可修改；支持角色删除操作，角色删除以软删除方式进行；数据权限管理功能，支持用户管理当前角色数据。

图 3-178

④数据权限

数据权限分为全部数据权限、自定义数据权限、本部门权限、本部门及子部门权限和个人数据权限。

⑤角色权限清单

项目角色清单如表 3-4 所示。

表 3-4

序号	角色名称	角色范围	备注
1	超级管理员	全部范围和数据	管理系统
2	系统管理员	账户分配、系统监控	管理系统
3	管理处负责人	全部范围	管理系统
4	支队负责人	可对管理所负责人、也可对巡查人员分配任务	管理系统、APP
5	巡查负责人（管理所）	事件处理，巡检工作；部门及以下功能和数据权限查看，可调度、布置巡查工作	管理系统
6	巡查人员	事件处理，巡检工作；个人数据权限	管理系统、APP
7	运维人员	系统监控	管理系统

⑥菜单管理

菜单管理功能如图 3-179 所示。

查询条件：根据菜单名称、状态进行查询操作。

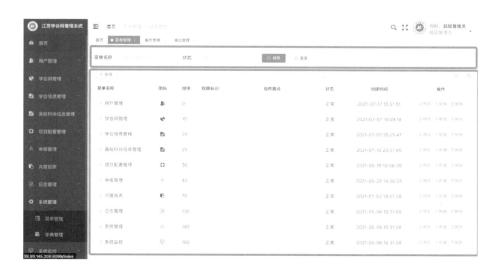

图 3-179

列表展示：以树形结构展示菜单名称、排序、权限标识、组件路径、状态等，要求 table 支持数据查询和刷新操作。

支持菜单新增功能，用户新增菜单时允许用户选择上级菜单、填写菜单名称、菜单类型、图标、排序、是否外链和菜单状态等信息后完成菜单新增，新增时校验同级状态可用菜单中菜单名称是否重复，不重复方可新增；菜单修改操作要求回显菜单信息，校验同级状态可用的菜单中菜单名称是否重复，不重复方可完成修改；支持菜单删除操作，菜单删除以软删除方式进行。

⑦字典管理

字典管理功能如图 3-180 所示。

查询条件：根据字典名称、字典类型、状态等进行查询操作。

列表展示：一页默认展示 10 条(可修改)，展示字典名称、字典类型、状态、备注和创建时间等，要求 table 支持数据查询和刷新操作。

支持字典新增功能，用户新增字典时填写字典名称、字典标识、字典键值、排序、状态和备注等信息后完成角色新增；支持字典修改操作，要求回显角色信息；支持字典删除操作，字典删除以软删除方式进行。

（5）系统监控模块

遵循现有架构内容，向系统管理员开放系统监控模块。系统监控模块包含在线用户管理、定时任务管理、服务监控、缓存监控、登录日志和操作日志等内容。

图 3-180

① 在线用户管理

在线用户管理示意图如图 3-181 所示。

图 3-181

查询条件:根据登录地址和用户名称进行查询操作。

列表展示:一页默认展示 10 条(可修改),展示会话编号、登录名称、单位名称、主机地址、登录地点、浏览器、操作系统和登录时间,要求 table 支持数据查询和刷新操作。

支持用户强退功能。

②服务监控管理

服务监控管理示意图如图 3-182 所示。

图 3-182

能够查询服务运行状态、服务器基本信息。

③定时任务管理

定时任务管理示意图如图 3-183 所示。

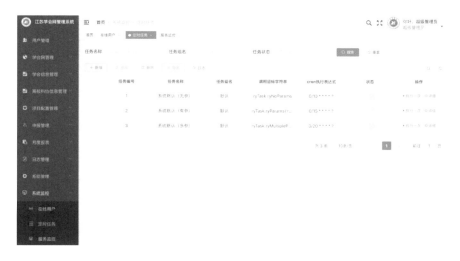

图 3-183

支持系统定时任务管理。

④缓存监控管理

缓存监控管理示意图如图 3-184 所示。

图 3-184

系统支持对应用服务缓存进行监控管理。

⑤操作日志管理

操作日志管理示意图如图 3-185 所示。

图 3-185

查询条件：根据操作人员、操作类型、状态和操作时间段等进行查询操作。

列表展示：一页默认展示 10 条（可修改），展示系统模块、操作类型、请求方式、操作人员、主机地址、操作地点、操作状态和操作时间等，要求 table 支持数据查询和刷新操作。

支持日志删除和导出功能，支持日志在线查看功能。

⑥登录日志管理

登录日志管理示意图如图 3-186 所示。

图 3-186

查询条件：根据登录地址、用户名称、状态和时间段进行查询操作。

列表展示：一页默认展示 10 条（可修改），展示登录地址、用户名称、登录地点、浏览器、操作系统和登录时间等，要求 table 支持数据查询和刷新操作。

支持登录日志删除和导出功能。

（6）数据采集模块

①设备管理

系统能够管理项目所有视频监控设备，实时查询设备运行状态等内容。

查询条件：根据设备名称、设备种类、设备编号、设备位置、设备状态进行查询操作。

列表展示：一页默认展示 10 条（可修改），展示设备名称、设备种类、设备编号（设备自带编码）、设备位置和设备状态等，要求 table 支持数据查询和刷新操作。

支持设备导出功能；设备位置设置不用做地理位置处理，只需要简述其位置信息即可；支持设备新增、修改功能，编辑设备相关信息完成设备新增、修改功能，上述功能需检测设备编码是否重复，重复则操作中止，并提醒用户；支持设备删除和批量删除操作。

②算法交互服务

算法交互服务为图像识别算法提供数据接收服务，图像识别模块对分析出的具体事件，通过本服务，将事件消息记录并推送。

服务接收识别到的事件关键信息，根据事件种类，存储相关信息；入侵检测信息包含调用地址、疑似物体（人、动物、其他）、时间、地点（哪个摄像头对应的位置）、摄像头、视频帧（文件服务器地址）；漂浮物识别包含调用地址、疑似物体（物品种类）、时间、地点（哪个摄像头对应的位置）、面积、体积、流速、摄像头、视频帧（文件服务器地址）等信息。存储相关信息，并且调用监控预警模块进行事件监管。

系统支持服务状况查看、服务调用日志查看导出等功能。

查询条件：根据事件类型、时间段、调用状态和调用地址段进行查询操作。

列表展示：一页默认展示 10 条（可修改），展示主机地址、事件类型、事件详情（人员入侵/疑似物体、流速、面积、体积）、时间、地点、摄像头等。要求 table 支持数据查询和刷新操作。

③阈值管理

设定系统安全阈值模板，设置数据安全阈值和等级，对系统产生的异常数据进行分类比对，同时根据模板设置配置消息通知方式等。

区域人员检测入侵阈值管理模板设置，不区分报警等级，具体报警级别由用户统一设置。漂浮物监测阈值模板可根据流速、面积、体积分别设定报警等级，且报警等级由流速模板、面积模板和体积模板共同确定，三者分别判断，取最高级别报警等级，根据报警级别调用消息通知服务模块。

系统支持阈值模板和阈值匹配记录查看等功能。

④阈值模板设置功能

查询条件：根据阈值类型、报警等级、时间段和状态进行查询操作。

列表展示：一页默认展示 10 条（可修改），展示模板类型、模板规则、报警等级、状态和创建时间等。要求 table 支持数据查询和刷新操作。

支持模板新增功能,选择模板类型,设置模板规则、报警等级与模板状态等内容,完成模板设置功能。注意区域入侵监测不需要设置模板规则,模板规则统一为人员入侵事件。支持模板修改和删除操作,用户维护模板类型、模板规则、报警等级和状态等内容,删除以硬删除方式执行。

⑤阈值匹配记录

查询条件:根据阈值类型、时间段、主机地址、状态、设备 ID 进行查询操作。

列表展示:一页默认展示 10 条(可修改),展示主机地址、事件类型、事件详情(人员入侵/疑似物体、流速、面积、体积)、时间、地点、摄像头、报警级别等。要求 table 支持数据查询和刷新操作。

支持记录导出功能;支持匹配记录详情查询,可查询匹配规则和匹配记录。

⑥入侵检测管理

系统能够查询区域的入侵情况,同时记录异常事件人员处理情况。功能与阈值匹配记录的区别在于:本功能涵盖阈值匹配记录,增加了事件处理过程。

系统展示记录区域入侵事件,支持区域入侵事件清单展示,展示事件处理过程,展示事件处理人信息,支持工作人员通过手持终端对异常事件接单等操作。

查询条件:根据时间段、是否分配、事件处理人进行查询操作。

列表展示:一页默认展示 10 条(可修改),展示时间、地点、摄像头、报警级别、是否分配、事件处理人、处理结果等内容。要求 table 支持数据查询和刷新操作。支持事件修改和删除功能,删除以软删除方式执行,支持管理人员维护事件详情与状态。

支持事件指派功能,针对未分配(未接单)事件,系统支持管理人员指派给相关工作人员,调用消息通知服务模块,通知相关用户,并且记录指派记录;支持记录导出功能;支持异常事件处理记录详情查询。

任务指派可以按照组指派,或者同时指派多人,如大型打捞工作需要多人员配合,即由多人共同完成,所以可以对项目指派组或者多人,当该任务完成时,需将同组或者同任务中其他人的任务也以自动结束来操作。

⑦漂浮物检测管理

系统能够查询区域的漂浮物情况,同时记录异常事件人员处理情况。功能与阈值匹配记录的区别在于:本功能涵盖阈值匹配记录,增加了事件处理过程。

系统展示记录漂浮物事件,支持漂浮物监测事件清单展示,判断异常事件处理时效(事件发生至事件处理结束之间的时间长度),对异常事件发生后两小时未处理事件标注为超时事件。展示事件处理过程,展示事件处理人信息,支持工作人员通过手持终端对异常事件接单等操作。

查询条件:根据报警等级、时间段、是否超时、是否分配、事件处理人等进行查询操作。

列表展示:一页默认展示 10 条(可修改),展示时间、地点、摄像头、报警级别、事件详情(疑似物体、流速、面积、体积)、是否超时、是否分配、事件处理人、处理结果、处理时效等内容。要求 table 支持数据查询和刷新操作。支持事件修改和删除功能,支持管理人员维护事件详情与状态,删除以软删除方式执行。

支持事件指派功能,针对未分配(未接单)事件,系统支持管理人员指派给相关工作人员,调用消息通知服务模块,通知相关用户。并且记录指派记录;支持记录导出功能。支持异常事件处理记录详情查询。

(7)巡检管理模块

①巡检地点管理

巡检位置点(摄像头或者实际巡检描述点)管理、生成二维码,供工作人员巡检扫码。

列表展示:一页默认展示 10 条(可修改),展示位置地点、描述等内容。要求 table 支持数据查询和刷新操作。支持列表修改和删除功能,删除以硬删除方式执行。查看管理巡检位置点,可动态增加、删除位置信息。查看二维码生成信息并支持二维码下载打印。

②巡检管理

系统支持巡检记录管理和维护,管理人员能够通过管理平台和手持终端查看巡检记录。巡检记录包含巡检地点(摄像头、地点)、巡检时间、巡检人、是否异常、是否补录、事件上报和附件记录等功能。工作人员能够通过手持终端完成巡检地点二维码扫描(地点信息)、数据填报等功能。

每个管理所负责的站点不一样,要求一个月全部覆盖巡检点即可,不需要每次都巡检所有点。

查询条件:根据时间段、巡检人员、状态、是否补录等进行查询操作。

列表展示:一页默认展示 10 条(可修改),展示时间、地点、巡检人员、状态等内容。要求 table 支持数据查询和刷新操作。支持事件修改和删除功能,删除以硬删除方式执行。支持管理人员维护事件详情与状态。支持事件导出功能。支持巡检补录功能,允许用户填报时间、地点、巡检状态、事件内容和附件上传等。

③巡检报表管理

增加巡检周报表和巡检月度报表。要求用户每周填写巡检周报,每月填写巡检月报,可用手机填写,同时展示数据详情页。支持数据导出(单条,word 内容填充下载)和数据打印。

列表展示:一页默认展示 10 条,提交审核后不允许修改,未审核前允许修改和删除,审核失败后退回给提交用户修改信息。要求 table 支持数据查询和刷新操作。支持列表修改和删除功能,删除以硬删除方式执行。

支持列表数据详情展示和打印。

周报表和月度报表需要分开管理,建议将周报表和月度报表均设为二级菜单,功能一致,仅展示样式和数据不同。

④巡检报表统计

巡检报表统计包括周报表统计分析、月度报表统计分析、巡检记录统计分析。

(8) 通知配置

记录消息通知关键信息和参数配置,系统集成应用消息服务、短信消息服务两种。应用消息推送,系统选用 Uni-Push(个推),管理人员可以在本页面维护应用推送相关认证信息。短信选用阿里大鱼短信服务,管理人员可以在本页面维护短信相关账户和认证信息。不支持维护短信模板。

(9) 推送记录管理

记录消息推送记录,系统支持消息推送记录查询,能够根据推送时间、接收人、推送类型和消息标题等内容查询。

查询条件:根据时间段、接收人、推送类型、消息标题、是否成功等进行查询操作。

列表展示：一页默认展示 10 条（可修改），展示事件类型、接收人、推送分类、推送内容、状态等内容。要求 table 支持数据查询和刷新操作。支持推送记录导出功能。

（10）系统首页

集合本系统运行数据，实时动态展示系统总体运行状态和检测结果。

（11）数据可视化展示

数据 BI 功能对整体系统实现一体化展示，实时动态展示系统总体运行状态和检测结果。

系统支持用户汇总统计、事件汇总统计（已处理、未处理）、巡检汇总统计和推送汇总统计等数据展示。其中，事件汇总统计分为区域入侵汇总统计和漂浮物监测汇总统计。区域入侵处理汇总统计包括事件总数、超时数、未处理数等；漂浮物监测汇总统计包含事件总数、超时数、分级别报警数、未处理数、分级别未处理数等数据。推送汇总统计包含推送总数，成功总数等内容。数据具体展示形式如图 3-187 所示。

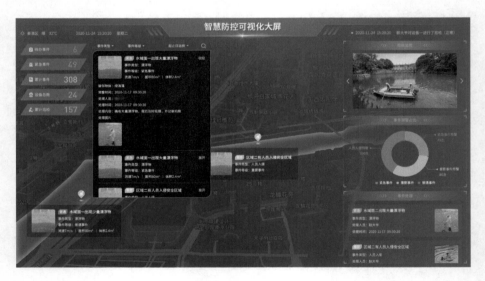

图 3-187

系统支持事件在线搜索、展示，模拟展示漂浮物监测及人员入侵情况。支持调阅区域入侵事件处理过程和漂浮监测事件处理过程。支持摄像头内容调阅查看。支持巡检记录查看等操作。

3.2 业务应用

3.2.1 智能巡检

管理人员可以在后台制订巡检计划；巡检工作人员可以在手机 APP 和电脑信息管理端查看巡检任务和提醒；值班人员每日收到巡检计划，按照巡检要求完成工作，提升巡检效率。

3.2.1.1 快捷工具

快捷工具包括排班设置、排班模板设置、任务模板设置、报表模板设置，实现自动排班、自动生成巡检任务、自动生成报表功能，如图 3-188 所示。

图 3-188

3.2.1.2 巡检设置

巡检设置包括巡检点设置、巡检区域设置、巡检线路设置、巡检任务设置，设置完成之后可以生成相对应的巡检任务，包括日常任务、经常性检查任务、定期检查任务。

3.2.1.3 巡检结果

用户可以查看所有巡检任务的巡检结果和巡检报表,能下载打印,以及对巡检过程中发现的异常进行处理。

3.2.1.4 统计分析

对各单位所有的巡检结果按年度、季度、月份,并对所有的情况进行分析,生成各种图形分析数据,可以清晰地看到所有的巡检情况,如图 3-189 所示。

图 3-189　巡检情况统计分析图

3.2.1.5 秘书台

秘书台是巡检系统的实时监控平台,可以实时看到各个站所巡检任务的进行情况,进行实时监测,如图 3-190、图 3-191 所示。

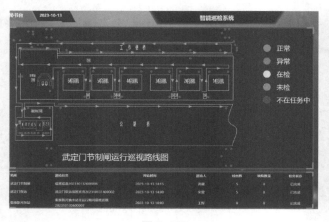

图 3-190

图 3-191

3.2.2　安全生产

3.2.2.1　标准规范

该菜单下只有一个子菜单——"标准规范"。

在这里可以查询已录入的各项标准规范，并可做出修改，如图 3-192 所示。

图 3-192

3.2.2.2　危险源管理

该菜单用以管理各种危险源。

1. 危险源定义

该菜单用以登记各种工作或工程中遇到的危险源，加以定义描述，如图 3-193 所示。

图 3-193

点击"新增",可对危险源进行管理并可录入事故隐患排查重点部位(图 3-194)。

图 3-194

2. 管控记录

该菜单用以录入监控记录并进行管理,如图 3-195 所示。

图 3-195

3.2.2.3 隐患管理

该菜单可以记录对于各种隐患的排查、整改及相关结果。而其中又有"隐患排查"、"隐患整改"和"结果报告"三个子菜单。

"隐患排查"用于记录排查出的各种隐患,如图 3-196 所示。

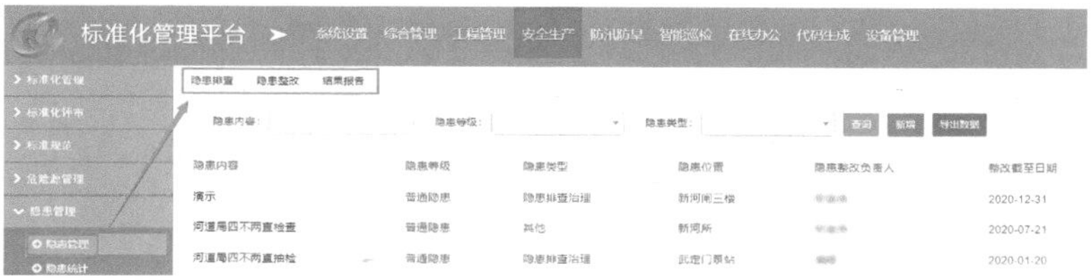

图 3-196

点击"导出数据",可将已录入的数据导出到用户当前使用的设备里。点击"新增",可将除患排查的结果录入到该系统(图 3-197)。

图 3-197

点击"隐患整改",在这里记录了对于已经排查出的隐患做出的整改记录,如图 3-198 所示。

图 3-198

　　点击"整改",可以录入具体的整改信息,填写完毕后需提交申请,等待审批(图 3-199)。

图 3-199

整改完成后,点击"结果报告",可以对整改结果做出报告(图 3-200)。

图 3-200

　　点击"报告",可以录入具体的整改信息,填写完毕后需提交申请,等待审批(图 3-201)。

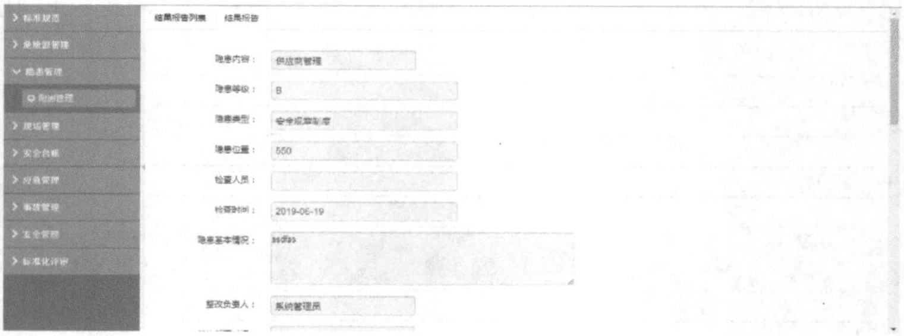

图 3-201

3.2.3 设备管理

3.2.3.1 设备台账

每个站所分别管理各自的设备信息（图 3-202）。

图 3-202

设备台账包括设备的基本信息、基本参数、设备文档、供应商信息、备品备件、设备保养计划、设备变更记录、维修工单记录、巡检记录、设备保养记录等（图3-203）。

点击"新增"可以新增设备信息。

点击"删除"可以删除对应的设备。

点击"查询"可以打开设备台账页面。

图 3-203

设备基本信息页面（图 3-204）。

图 3-204

设备"基本参数"页面(图 3-205)。

图 3-205

"设备文档"页面(图 3-206)。

图 3-206

设备"供应商信息"页面(图 3-207)。

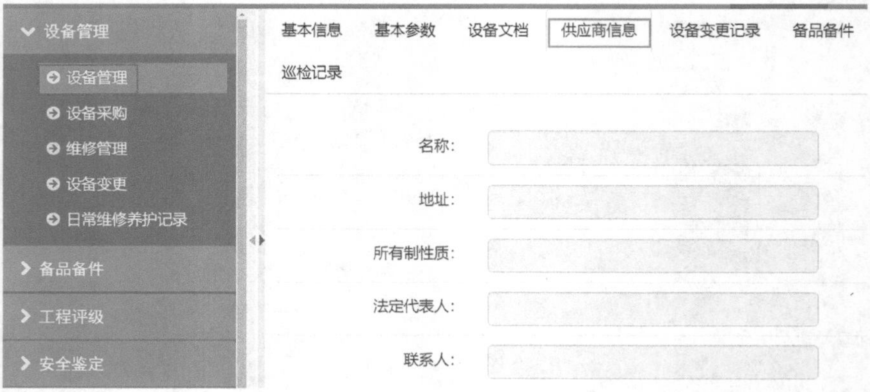

图 3-207

"设备变更记录"页面(图 3-208)。

图 3-208

设备"备品备件"页面(图 3-209)。

图 3-209

"设备保养计划"页面(图 3-210)。

图 3-210

"设备保养记录"页面(图 3-211)。

图 3-211

163

3.2.3.2　设备采购

本系统中的设备采购不需要走流程，只需将采购的承办人及采购的相应资料录入系统中即可（图 3-212、图 3-213）。

图 3-212

图 3-213

3.2.3.3　维修管理

维修管理包括两个方面：设备缺陷记录、维修记录。

维修记录用于填写设备的维修记录，处理生成维修计划（图 3-214）。

图 3-214

点击"新增",填写维修添加的信息,如图 3-215 所示。

图 3-215

设备缺陷记录是填写相关设备的缺陷,报于验收人审批,如图 3-216 所示。

图 3-216

点击"新增",填写设备异常项的信息,如图 3-217 所示。

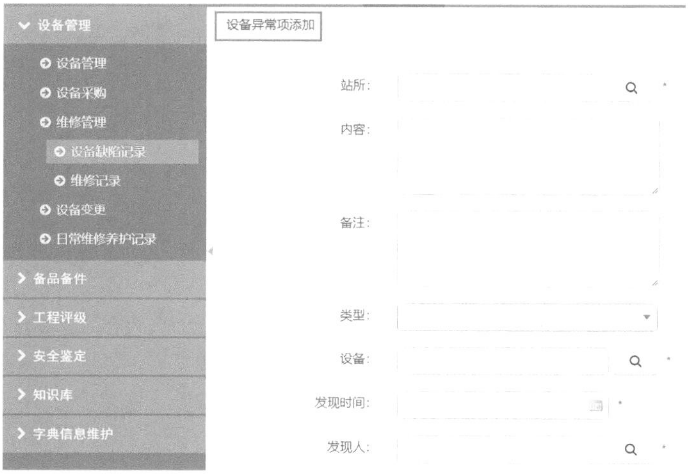

图 3-217

3.2.3.4　设备变更

设备变更是填写设备的变更记录，填写申请人、处置方式和填单人（图3-218）。

图 3-218

3.2.3.5　日常维修养护记录

用于录入各站所的日常维修养护记录，页面显示设备日常维修养护列表（图3-219）。

图 3-219

点击"新增"按钮，录入维修养护信息，点击"保存"即可（图3-220）。

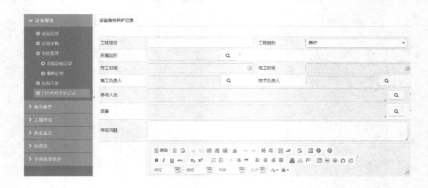

图 3-220

点击“删除”,可删除该条设备日常维修养护信息。
点击“修改”,可修改该条设备日常维修养护信息。
点击“打印”,可生成 PDF,支持预览(图 3-221)。

秦淮新河泵站日常维修养护记录
2023 年度

工程项目	QHHJJHT2023-001	工程类别	1
开工时间	2023-04-03 09:30:20	施工负责人	×××
完工时间	2023-04-03 17:30:20	技术负责人	×××
养护设备	2# 潜水泵		
参与人员	×××、×××		
存在问题	设备检修		
工作过程			

图 3-221

3.2.3.6 备品备件

1. 备件台账

该页面是所有设备备件台账列表,显示设备库存(图 3-222)。

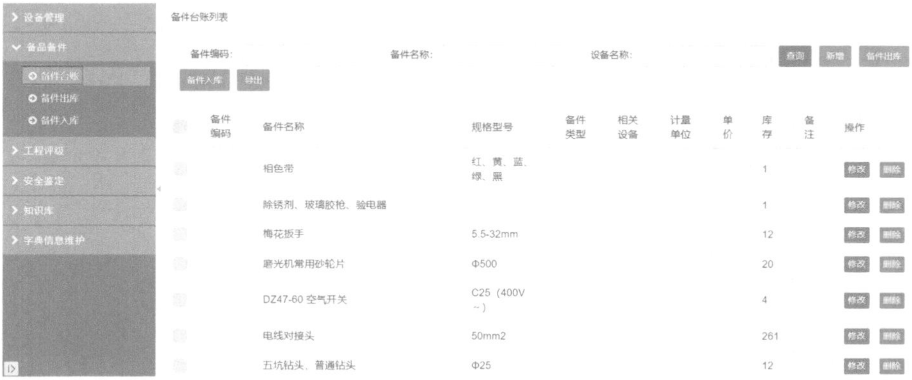

备件编码	备件名称	规格型号	备件类型	相关设备	计量单位	单价	库存	备注	操作
	相色带	红、黄、蓝、绿、黑					1		修改 删除
	除锈剂、玻璃胶枪、验电器						1		修改 删除
	梅花扳手	5.5-32mm					12		修改 删除
	磨光机常用砂轮片	Φ500					20		修改 删除
	DZ47-60 空气开关	C25 (400V ~)					4		修改 删除
	电线对接头	50mm2					261		修改 删除
	五坑钻头、普通钻头	Φ25					12		修改 删除

图 3-222

点击"新增"编辑备件台账信息(图3-223)。

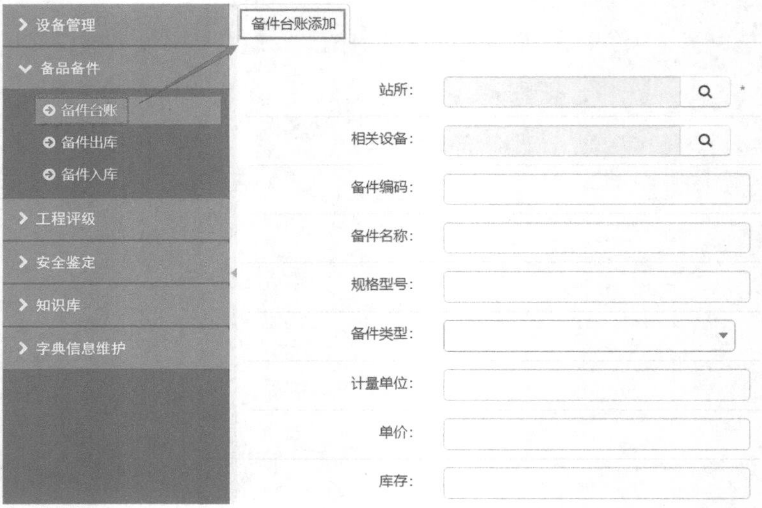

图 3-223

点击"备件入库"按钮,可以添加备件入库记录,并调整台账库存数量(图3-224)。

图 3-224

2. 备件出库

该页面是所有备件的出库记录，点击"导出"可以导出出库记录报表（图 3-225）。

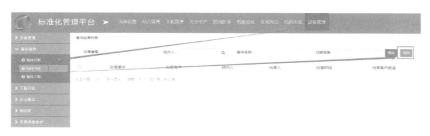

图 3-225

3. 备件入库

该页面是所有备件的入库记录，点击"导出"可以导出入库记录报表（图 3-226）。

图 3-226

3.2.3.7 工程评级

1. 评级计划

页面显示的是当前泵站的评级计划记录，包括已经评定完成的和下一次评定的计划，点击"提交申请"按钮走审批流程，之后需经过评定人、评定负责人、验收人、验收负责人审批（图 3-227）。

图 3-227

评级计划修改如图 3-228 所示。

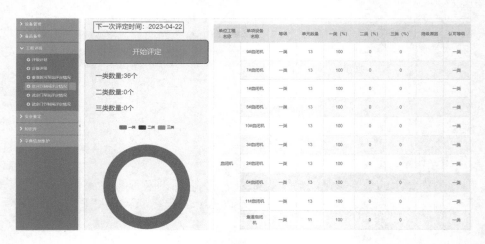

图 3-228

2. 单位工程评定

该页面显示的是上一次的评定结果和比例图,以及下一次的评定时间。点击"开始评定"可以进入评定内容页面(图 3-229)。

图 3-229

点击"开始评定",打开需要评定的所有列表(图 3-230)。

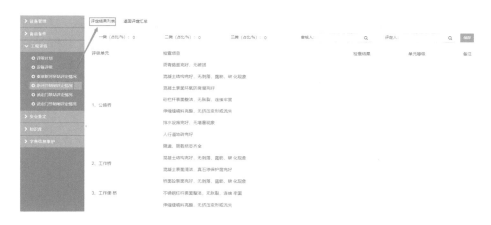

图 3-230

点击"评级",进入评级页面,选择评定结果和单元等级对该项设备进行评定(图 3-231)。

图 3-231

3.2.3.8 安全鉴定

1. 泵站安全鉴定

页面显示当前泵站的安全鉴定信息、下次鉴定时间以及安全鉴定资料。安全鉴定资料可在线查看和下载(图 3-232)。

设备管理
备品备件
工程评级
安全鉴定
秦淮新河泵站
当前泵站安全类别：一类泵站
查看更多历史记录
申请单位：秦淮新河抽水站
鉴定种类：全面安全鉴定
检测单位：南京普恩
复核单位：南京普恩
主持单位：南京普恩
鉴定时间：2023-02-23

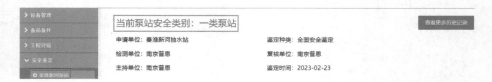

图 3-232

点击“查看更多历史记录”，可查看当前泵站的安全鉴定历史记录(图 3-233)。

设备管理
备品备件
工程评级
安全鉴定
秦淮新河泵站
秦淮新河节制闸
安全鉴定
安全鉴定历史记录
新增
申请单位
鉴定种类
安全类别
检测单位
复核单位
主持单位
鉴定时间
秦淮新河抽水站
全面安全鉴定
一类泵站
南京普恩
南京普恩
南京普恩
2023-02-23 17:05:31
秦淮新河抽水站
全面安全鉴定
一类泵站
南京普恩
南京普恩
南京普恩
2023-02-06 11:33:23

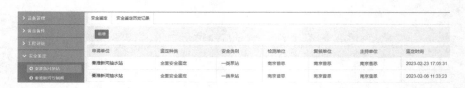

图 3-233

点击“新增”按钮，可录入泵站最新安全鉴定信息(图 3-234)。

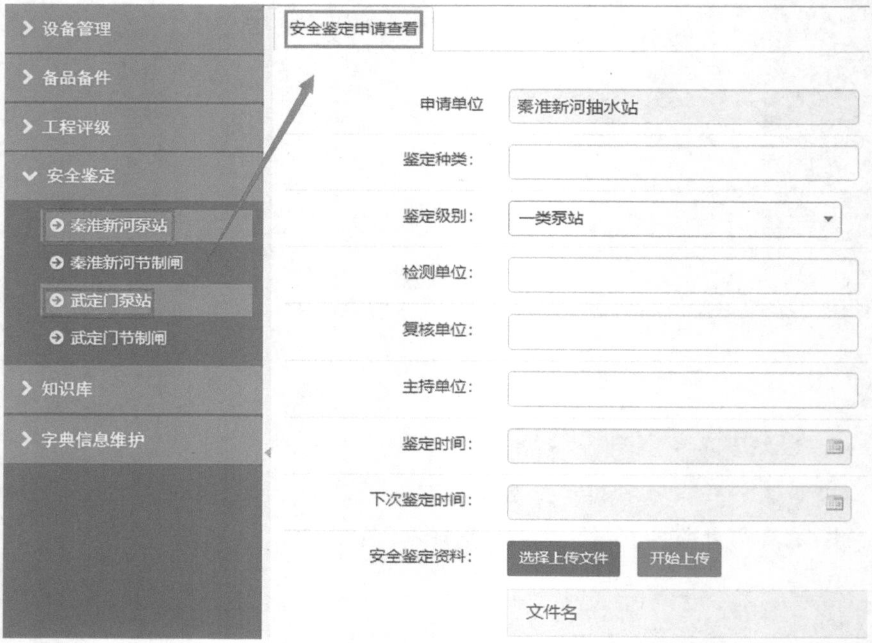

设备管理
备品备件
工程评级
安全鉴定
秦淮新河泵站
秦淮新河节制闸
武定门泵站
武定门节制闸
知识库
字典信息维护
安全鉴定申请查看
申请单位
秦淮新河抽水站
鉴定种类：
鉴定级别：
一类泵站
检测单位：
复核单位：
主持单位：
鉴定时间：
下次鉴定时间：
安全鉴定资料：
选择上传文件
开始上传
文件名

图 3-234

2. 节制闸安全鉴定

页面显示当前节制闸的安全鉴定信息、下次鉴定时间以及安全鉴定资料。安全鉴定资料可在线查看和下载（图 3-235）。

图 3-235

点击"查看更多历史记录"，可查看当前节制闸的安全鉴定历史记录（图 3-236）。

图 3-236

点击"新增"按钮，可录入节制闸最新安全鉴定信息（图 3-237）。

3.2.3.9　知识库

知识库包含但不限于：制度、流程、标准作业指导书、产品有关的基础资料（如图纸、结构、材料和其他参数）、设备的基础资料（性能、参数、产能和操作说明等）、钳工、量测、电气试验、机组大修等教材、学习视频、实操视频、历届考试试卷（图 3-238）。

坐标知识库支持自定义树结构，右边显示对应的文件资料，支持在线查看和下载。

图 3-237

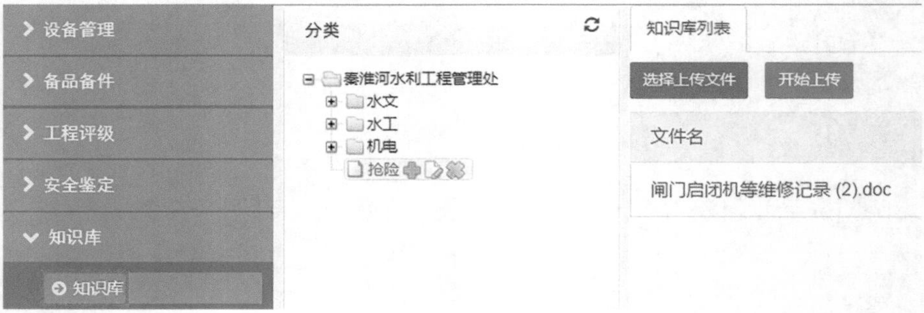

图 3-238

3.2.3.10　字典信息维护

1. 故障类型

故障类型树是展示故障类型的树状结构。点击"新增""修改"可以对类型基本信息进行调整(图 3-239)。

故障库类型列表

类别名称：　　　　　　　　　　　　查询　新增

类别名称　　　　　　　　　　　　　　　　　　　　备注　　　操作

▲ 锅炉　　　　　　　　　　　　　　　　　　　　　　　　　　修改 删除 添加下级故障库类型
　　1号锅炉对方水电表　　　　　　　　　　　　　　　　　　　修改 删除 添加下级故障库类型
　　2号锅炉　　　　　　　　　　　　　　　　　　　　　　　　修改 删除 添加下级故障库类型
▲ 压力容器　　　　　　　　　　　　　　　　　　　　　　　　修改 删除 添加下级故障库类型
　　什么压力　　　　　　　　　　　　　　　　　　　　　　　　修改 删除 添加下级故障库类型

图 3-239

点击"添加下级故障类型"就是在本级故障类型下面再添加一级故障类型（图 3-240）。然后点击"删除"，可删除对应的故障类型。

故障库类型添加

上级父级编号：　锅炉　　　　　　　　　　🔍

类别编码：

类别名称：

排序：　90

备注：

保存　返回

图 3-240

2. 设备类型

设备类型树是展示设备类型的树状结构（图 3-241）。

图 3-241

点击"新增""修改"可以对设备类型的基本信息进行调整。

点击"添加下级设备类型",添加下一级的设备类型(图 3-242)。

图 3-242

点击"删除",可删除对应的设备类型。

3. 设备位置

设备位置树是展示设备位置的树状结构(图 3-243)。

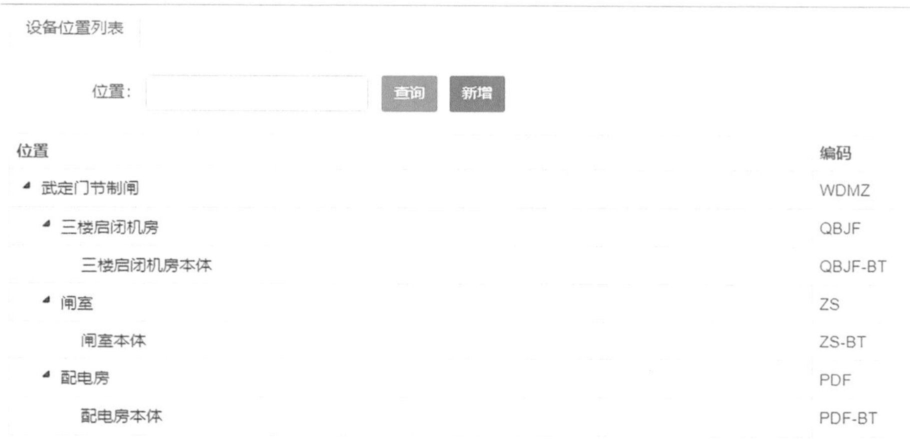

位置	编码
设备位置列表	
位置: [　　　　] 查询 新增	
位置	编码
▲ 武定门节制闸	WDMZ
▲ 三楼启闭机房	QBJF
三楼启闭机房本体	QBJF-BT
▲ 闸室	ZS
闸室本体	ZS-BT
▲ 配电房	PDF
配电房本体	PDF-BT

图 3-243

点击"新增""修改"可以对设备位置的基本信息进行调整。

点击"添加下级设备"可以将新增的设备信息写进去(图 3-244)。

设备类型添加

上级父级编号: [　　　　🔍]

类别编码: [　　　　]

类别名称: [|　　　　]

排序: [30]

备注: [　　　　]

保存　返回

图 3-244

点击"删除",可删除对应的设备位置。

4. 水工建筑物评级表

该页面是泵站的水工建筑物配置页面(图 3-245)。

图 3-245

点击"新增""修改"可以对建筑物评级基本信息进行调整。

点击"添加下级建筑物评级",添加下一级的类型(图 3-246)。

图 3-246

点击"删除",可删除对应的建筑物评级。

5. 设备工程类

该页面是泵站节制闸的设备工程类配置页面(图 3-247)。

图 3-247

点击"新增""修改"可以对设备工程类基本信息进行调整。

点击"添加下级设备工程类",添加下一级的评级内容(图 3-248)。

图 3-248

点击"删除",可删除对应的设备工程。

点击"评级内容配置",对该分类的评级内容进行配置(一般只针对三级的分类)。

6. 设备供应商

该页面展示设备供应商列表(图 3-249)。

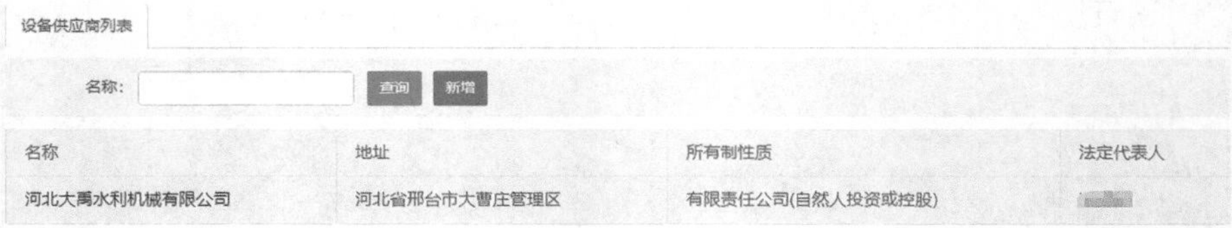
设备供应商列表
名称:
查询
新增
名称
地址
所有制性质
法定代表人
河北大禹水利机械有限公司
河北省邢台市大曹庄管理区
有限责任公司(自然人投资或控股)

图 3-249

点击“新增”“修改”可以编辑供应商的基本信息(图 3-250)。

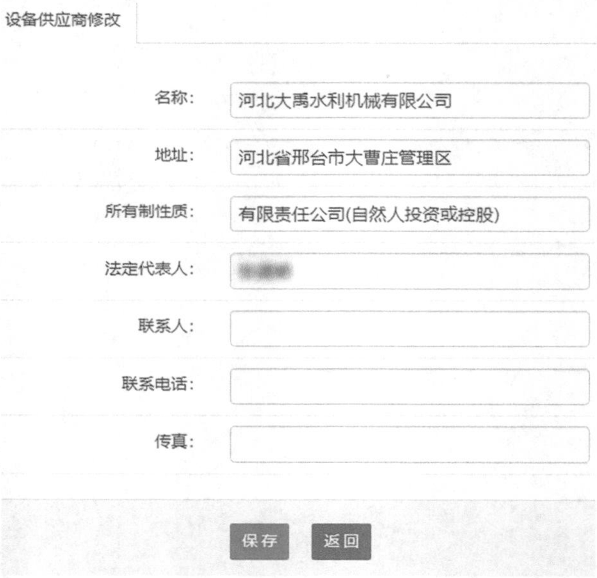
设备供应商修改
名称:
河北大禹水利机械有限公司
地址:
河北省邢台市大曹庄管理区
所有制性质:
有限责任公司(自然人投资或控股)
法定代表人:
联系人:
联系电话:
传真:
保存
返回

图 3-250

点击“删除”,可删除对应的供应商。

7. 工程设备评级项

该页面是配置设备评定项下的设备列表,点击“保存排序”按钮可以保存当前页面的所有设备的排序(图 3-251)。

点击“删除”按钮可删除该设备。

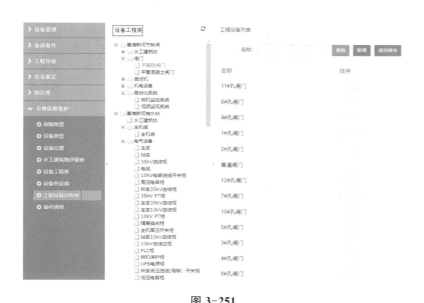

图 3-251

点击"新增",添加设备(图 3-252)。

工程设备添加

工程： 平面钢闸门 🔍

设备：

排序： 排列顺序，升序。

备注信息：

保存 返回

图 3-252

8. 备件清单

该页面是设备备件的清单列表(图 3-253)。

图 3-253

点击"新增",添加备件清单明细(图 3-254)。

图 3-254

点击"导出"可导出备件清单报表。

3.2.4　工程管理

该菜单功能主要是就维修项目建立完整的信息化流程、审批作业,并建立管理卡。

3.2.4.1　维修管理

1. 项目基本信息

该菜单下可进行维修项目的流程管理,点击该菜单,页面如图 3-255所示。

图 3-255

可以根据项目名称、项目编号、工程类别等进行查询,也可以点击"新增"按钮增加新的维修项目。

在"项目基本信息"主页面点击"新增",设置一条维修项目,进入如图3-256 所示的页面。

图 3-256

可以看见,左侧菜单栏为该维修项目完整进度的各个步骤。最上方"项目基本信息"中,有该项目的各种基本信息,并会在项目步骤进行中得到完善。

①立项申请

立项申请页面的所有信息填写完成,点击"保存",相关信息即存入系统平台。左侧菜单栏中,"项目基本信息"和"立项申请"前出现"√",表示该项目已完成,当前步骤即进入"项目批复情况"(图 3-257)。

图 3-257

②项目批复

点击"项目批复",页面如图 3-258 所示。

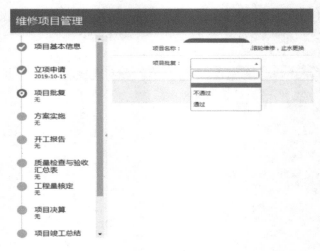

图 3-258

在"项目批复"中选择"通过",可引申出三条栏目——"批复文号"、"项目负责人"和"技术负责人"。全部填写完毕后选择"保存",则"项目批复"步骤完成。

再看"项目基本信息",刚才空缺的"项目批复结果"等栏目都已得到补充,该项目已完整,如图 3-259 所示。

图 3-259

③方案实施

点击"方案实施",页面如图 3-260 所示。

图 3-260

可以看到"项目实施方案审批"、"实施方案"、"项目预算"和"单价分析表"等项。其中,"项目实施方案审批"显示该步骤的审批情况,另外三项需要项目负责人填写。

最下方有"提交申请"按钮,当"方案实施"相关材料全部完善后,点击此按钮,材料即向上送审并等待批复。

a. 实施方案

"实施方案"是一个 Word 编辑页面,可以直接在该页面内编写内容,或将准备好的内容粘贴进去。

填写好之后,点击"保存实施方案"按钮,然后点击"选择上传文件"和"开始上传"按钮,以配备电子文档资料。

b. 项目预算

"项目预算"页面如图 3-261 所示,预算填写有"新增"和"导入预算表"两个方式。

图 3-261

点击"新增",可以逐条添加预算内容。

点击"导入预算表",可以将整理好的表格直接导入平台。平台已经准备了相关模板,可以下载使用。

c. 单价分析表

"单价分析表"是对于"预算管理"的补充,根据需要进行填写,也可以不填写。和"预算管理"页面相同,该页面也设有"新增"和"导入单价分析表"功能。

全部填写完毕后,回到"项目实施方案审批"页面,点击最下方的"提交申请"按钮,则该项目向上提交。此时,"提交申请"已变为"正在审核",如图 3-262 所示。

"实施方案"页面下方也呈现"正在审核"四个大字,而"预算管理"和"单价分析表"页面,新增、修改和删除功能都已取消,只能查看,不能编辑。表示一旦提交审批,项目管理卡在审批结果下来之前,无法变动。

图 3-262

审批过程中,可以看到,每一步批复由谁负责(图 3-263)。

当批复通过后,页面下方"正在审核"变为"审核结束","实施方案"页面也是如此,而"项目预算"和"单价分析表"页面,依然只有查看功能。

图 3-263

④开工报告

在"开工报告"页面中点击"新增",进入如图 3-264 所示的页面。

图 3-264

该页面中所需填写的内容,需要准确无误。"选择上传文件"和"开始上传"两个功能,可以配备相关电子文件。填写完毕后,可以"保存",也可以"提交申请"。

⑤质量检查与验收汇总表

报告送审得到批复后,流程进入下一步,"质量检查与验收汇总表",这里点击"新增"可以手动逐条填写相关内容,可以就该条目进行修改或删除(图 3-265)。

图 3-265

⑥工程量核定

当质量检查与验收汇总表审批通过后,则进入下一步"工程量核定",点击"新增"按钮,逐条增加所需填写的内容,也可以导入模板或加载已编辑好的文档,如图 3-266 所示。

图 3-266

⑦项目决算

当工程量核定审批通过后,进入"项目决算",其分为"项目决算"和"单价分析表"两个部分。可以点击"新增"按钮,逐条增加所需填写的内容及上传配备的电子文档,也可以导入模板或加载已编辑好的文档,如图 3-267 所示。

图 3-267

"项目决算"部分输入完毕后,如有需要可以就"单价分析表"部分进行补充。该页面操作和"项目决算"部分基本相同,若无需要,可以不填写。

所需内容输入完毕后,点击"项目决算"页面中的"送审"按钮,进入审批阶段。

进入审批阶段后,新增、修改及删除等功能不可再用。

⑧项目竣工总结

"项目决算"审批通过后,进入"项目竣工总结",如图 3-268 所示。

图 3-268

这是一个 Word 格式的编辑框,也配有上传电子文档的功能按键,内容输入完毕后,点击"保存",即进入下一步骤——"验收管理"。"验收管理"步骤未结束之前,"项目竣工总结"中的内容尚可更改;若"验收管理"结束,"项目竣工总结"中的内容也无法再做更改。

⑨验收管理

点击"验收管理",可以看到"所属项目""项目编号""维修部位""批准预算""维修内容"等内容已带入并锁定,不可更改,其他项目需要输入相关内容(图 3-269)。

图 3-269

其中,"验收组成员"可根据数据库中的信息勾选,其他内容手输,并配备上传电子文档的功能。验收组成员将在这一流程提送审批后,对此进行审批,有一人未能同意,则需要发回修改。

相关内容输入完毕后点击"保存",此时内容尚可更改,若点击"提交申请",则不可进行更改。

页面最下方有"流转信息"板块,点击"提交申请"后,可以看见这里显示了审批流程,包括执行环节、执行人员、相关时间和意见等。

当所有审批环节完成后,该维修项目管理页面中,左侧菜单显示各环节全部完成,流转信息也做出对应显示,如图 3-270 所示。

图 3-270

⑩管理卡下载

整个维修项目管理的进程就是建立该项目管理卡的过程。当整个进程结束后,管理卡也随之建立成功,可点击"管理卡下载",下载创建好的管理卡。

⑪其他菜单

"其他菜单"下辖 5 个项目,分别为"随手记""项目管理大事记""工作任务分解""进度管理""附件"。这些功能都是对维修项目管理做出的补充,其中"项目管理大事记"和"附件"将会在下载的管理卡中体现。

2. 工程检查记录

该菜单功能为各项工程的检查记录,如图 3-271 所示。

图 3-271

点击"新增",填写相关内容,页面如图 3-272 所示。

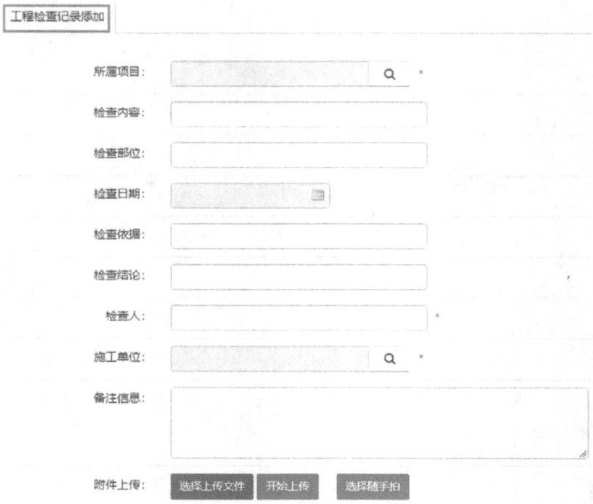

工程检查记录添加

所属项目:	🔍 *
检查内容:	
检查部位:	
检查日期:	📅
检查依据:	
检查结论:	
检查人:	*
施工单位:	🔍 *
备注信息:	
附件上传:	选择上传文件 开始上传 选择随手拍

图 3-272

3.2.4.2 质量监督

该菜单功能为各种材料的采购记录、质量审核记录等,分为四个子菜单:
"甲供材管理"、"乙供材管理"、"不合格项管理"及"日常质量检查"。

1. 甲供材管理

该菜单下可管理甲方供材,如图 3-273 所示。

图 3-273

点击"新增",页面如图3-274所示。

采购管理添加

所属项目：　🔍　*

材料名称：　*

供应商：　*

规格型号：　*

单位：　*

申请采购数量：　*

工程部位：　*

材料进场日期：　*

备注：

申请单位：　🔍　*

验收人：　*

验收时间：

图 3-274

2. 乙供材管理

该菜单下可管理乙方供材,如图3-275所示。

> 维修管理
> 质量监督
> ○ 甲供材管理
> ○ 乙供材管理
> ○ 不合格项管理
> ○ 日常质量检查
> ○ 统计分析

乙供材管理列表

材料名称：　　供应商：　　查询　新增

编号	材料名称	供应商	规格型号	采购数量

《上一页　1　下一页》　当前 1 / 30 条, 共 0 条

图 3-275

点击"新增",页面如图 3-276 所示。

乙供材管理添加

材料名称： ＿＿＿＿＿＿＿＿＿＿ *

供应商： ＿＿＿＿＿＿＿＿＿＿ *

规格型号： ＿＿＿＿＿＿＿＿＿＿ *

采购数量： ＿＿＿＿＿＿＿＿＿＿ *

单位： ＿＿＿＿＿＿＿＿＿＿ *

工程项目： ＿＿＿＿＿＿＿＿ 🔍 *

工程部位： ＿＿＿＿＿＿＿＿＿＿ *

备注： ＿＿＿＿＿＿＿＿＿＿

验收时间： ＿＿＿＿＿＿＿ 📅 *

验收人： ＿＿＿＿＿＿＿＿＿＿ *

保存　返回

图 3-276

3. 不合格项管理

该菜单用于整理检查后不合格的项目,如图 3-277 所示。

图 3-277

点击"新增",页面如图 3-278 所示。

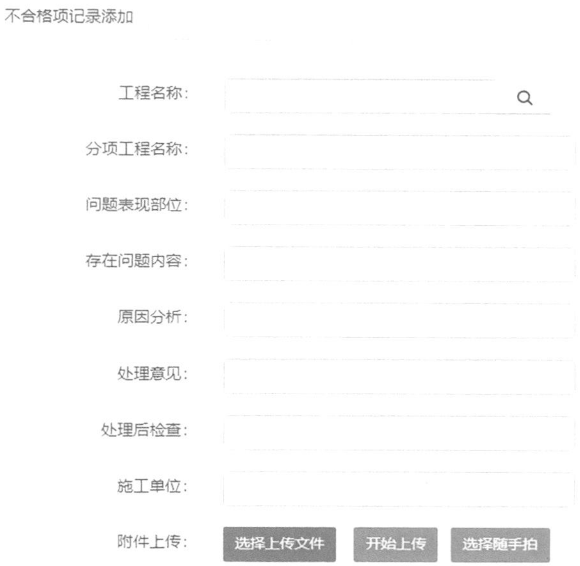

不合格项记录添加
工程名称:
分项工程名称:
问题表现部位:
存在问题内容:
原因分析:
处理意见:
处理后检查:
施工单位:
附件上传:
选择上传文件
开始上传
选择随手拍

图 3-278

4. 日常质量检查

该菜单用于管理对各个项目进行的日常质量检查,如图 3-279 所示。

维修管理
质量监督
甲供材管理
乙供材管理
不合格项管理
日常质量检查
统计分析
日常质量检查列表
工程名称:
查询
新增
工程名称
工程分项名称
检查内容
发现问题
处理问题

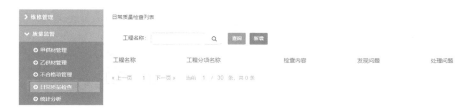

图 3-279

点击“新增”，页面如图 3-280 所示。

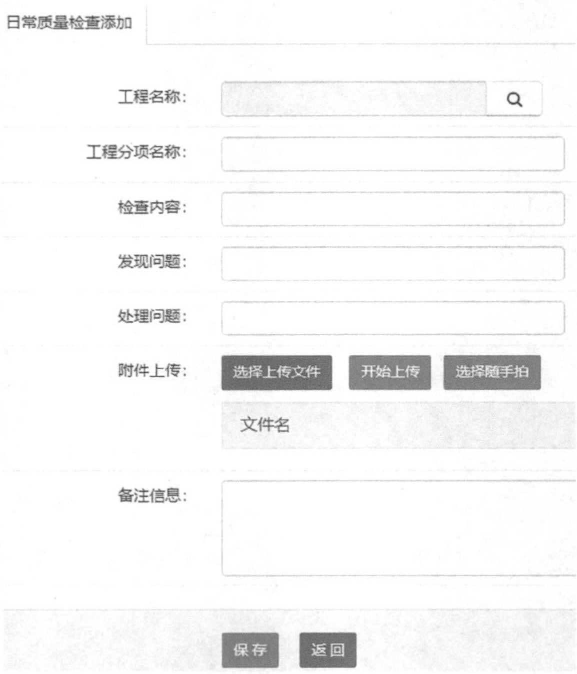
日常质量检查添加
工程名称:
工程分项名称:
检查内容:
发现问题:
处理问题:
附件上传:
选择上传文件
开始上传
选择随手拍
文件名
备注信息:
保存
返回

图 3-280

3.2.4.3 合同管理

该菜单设立五个子菜单，包括“施工方决算”、“合同记录”、“合同变更”、“发票管理”和“支付管理”。该项目可以管理合同、发票和支付。

1. 施工方决算

该菜单用于管理施工方对项目的决算记录，如图 3-281 所示。

施工方决算列表
工程名称:
合同类型:
工程名称
合同类型
更新时间
秦淮新河节制闸启闭机底板自动封闭装置改造项目
合同内
2021-12-15 04:23:40

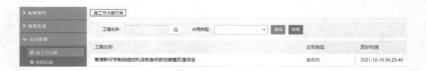

图 3-281

点击“新增”，页面如图 3-282 所示。

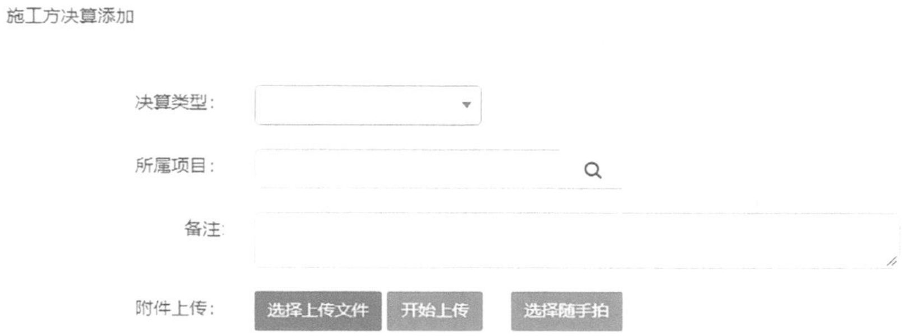
施工方决算添加
决算类型：
所属项目：
备注
附件上传：
选择上传文件
开始上传
选择随手拍

图 3-282

2. 合同记录

该菜单用于录入项目合同基本信息并对其进行管理，如图 3-283 所示。

合同名称
合同编号
合同类别
项目类型
所属维修/养护项目
完成日期
备注信息
操作

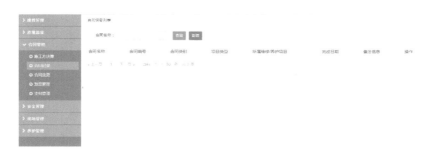

图 3-283

点击“新增”，页面如图 3-284 所示。

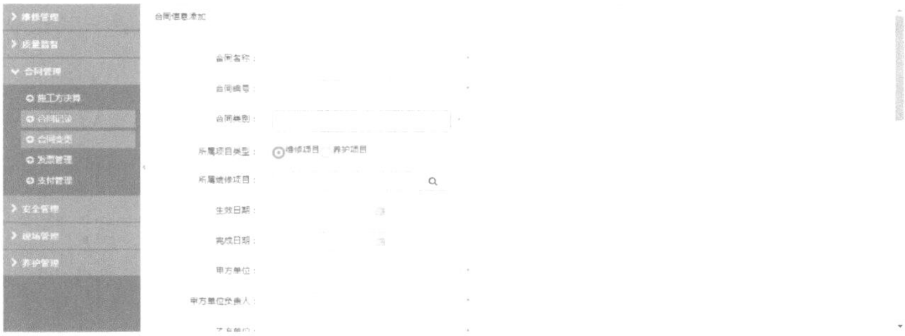

图 3-284

3. 合同变更

该菜单用于对合同变更的信息进行记录和管理，如图 3-285 所示。

图 3-285

点击"新增"，页面如图 3-286 所示。

图 3-286

4. 发票管理

该菜单用于记录各项目相关发票信息，并进行管理，如图 3-287 所示。

图 3-287

点击“新增”，页面如图 3-288 所示。

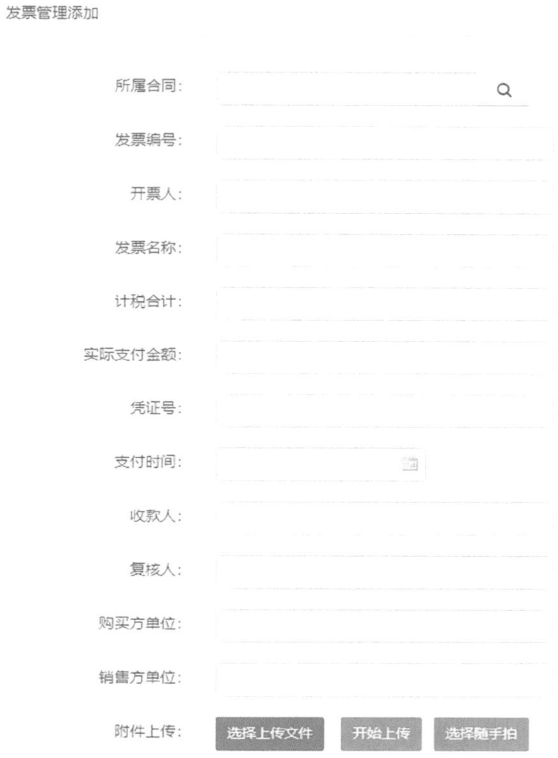

发票管理添加
所属合同：
发票编号：
开票人：
发票名称：
计税合计：
实际支付金额：
凭证号：
支付时间：
收款人：
复核人：
购买方单位：
销售方单位：
附件上传：
选择上传文件
开始上传
选择随手拍

图 3-288

5. 支付管理

该菜单用于录入各项目款项支付的相关信息，并对其进行管理，如图 3-289 所示。

维修管理
质量监督
合同管理
施工方决算
合同记录
合同变更
发票管理
支付管理
支付管理列表
所属合同：
查询
新增
所属合同
申请单位
支付金额（小写）
支付金额（大写）
经办人
部门领导
主管领导
秦淮新河节制闸启闭机底板自动封闭装置合同
160000
壹拾陆万圆

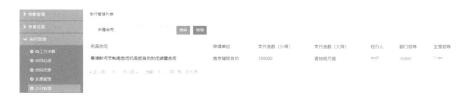

图 3-289

点击“新增”，页面如图 3-290 所示。

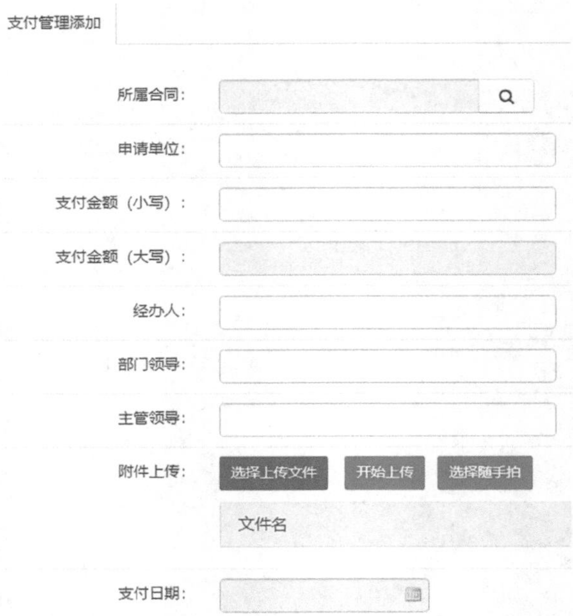

支付管理添加
所属合同:
申请单位:
支付金额（小写）:
支付金额（大写）:
经办人:
部门领导:
主管领导:
附件上传:
选择上传文件
开始上传
选择随手拍
文件名
支付日期:

图 3-290

3.2.4.4 安全管理

该菜单下辖“检查记录”“供应商资质管理”等八个子菜单，负责管理各个项目的安全资质资料留存、审核记录等。

1. 检查记录

该菜单用于管理已录入的对于各个项目的检查信息，如图 3-291 所示。

维修管理
质量监督
合同管理
安全管理
危险源定义
现场管控
检查记录
检查记录列表
单位:
地点:
检查时间:
检查人员:
单位
地点
检查时间
检查项目或部位地点
检查人员
检查记录
«上一页
1
下一页»
当前 1 / 30 条，共0条

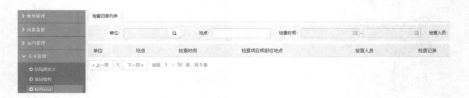

图 3-291

点击"新增",页面如图 3-292 所示。

检查记录添加

单位:	
地点:	
检查时间:	
检查项目或部位地点:	
检查人员:	
检查记录:	
备注:	

附件上传: 选择上传文件 开始上传 选择随手拍

图 3-292

2. 供应商资质管理

该菜单用于记录供应商的相关资质,并对其进行管理,如图 3-293 所示。

供应商资质管理列表

供应商: 查询 新增 导出数据

供应商名称	联系人	联系电话	产品或服务	企业相关证书	经营规模	经营状况	质量保证体系情况	信守合同执行情况	使用部门反馈意见

图 3-293

点击"导出数据",可将已录入的数据导出到用户当前使用的设备里。点击"新增",页面如图 3-294 所示。

图 3-294

3. 安全奖惩

该菜单用于对工程项目中遇到的与安全事件相关的奖惩事件进行管理，如图 3-295 所示。

图 3-295

点击"导出"，可将已录入的数据导出到用户当前使用的设备里。点击"新增"，页面如图 3-296 所示。

图 3-296

4. 特种设备管理

该菜单用于登记各种特种设备的相关信息并对其进行管理,如图 3-297 所示。

图 3-297

点击"导出",可将已录入的数据导出到用户当前使用的设备里。点击"新增",页面如图 3-298 所示。

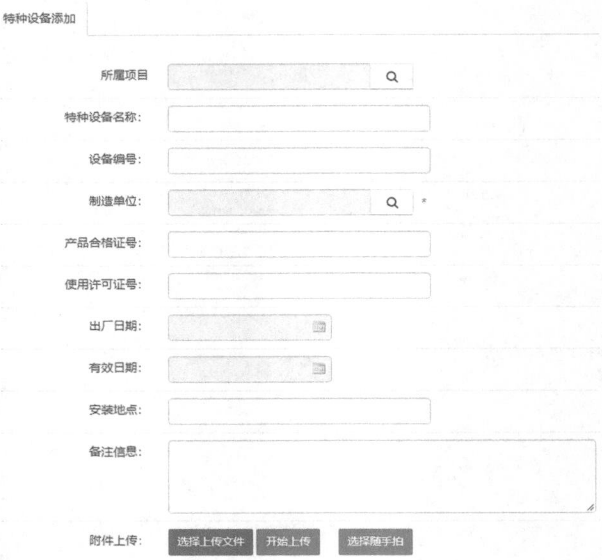

特种设备添加
所属项目
特种设备名称：
设备编号：
制造单位：
产品合格证号：
使用许可证号：
出厂日期：
有效日期：
安装地点：
备注信息：
附件上传：
选择上传文件
开始上传
选择随手拍

图 3-298

5. 安全培训记录

该菜单用于管理安全培训记录的相关信息，如图 3-299 所示。

安全培训记录列表
主持：
培训地点：
查询
新增
主办方
培训时间
结束时间
培训地点
培训内容
合同管理
安全管理
安全会议
安全培训记录
安全考试记录
安全统计
隐患管理

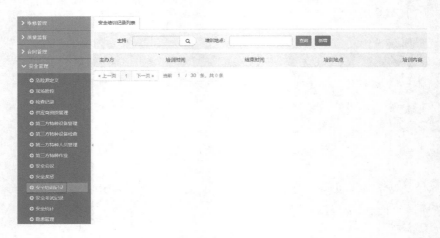

图 3-299

点击“导出”，可将已录入的数据导出到用户当前使用的设备里。点击“新增”，页面如图 3-300 所示。

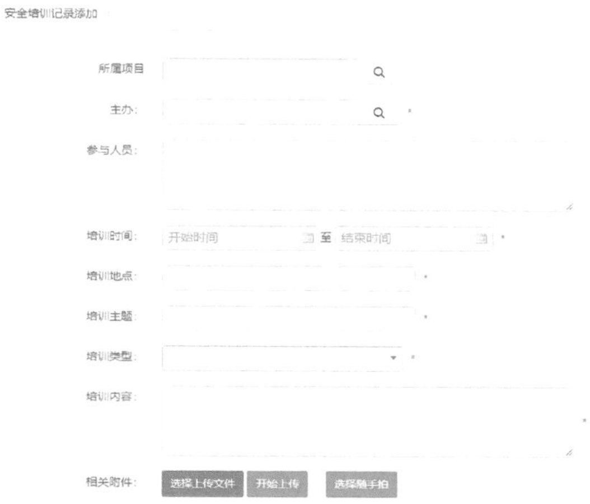

安全培训记录添加

所属项目
主办:
参与人员:

培训时间
培训地点
培训主题
培训类型
培训内容:

相关附件:　选择上传文件　开始上传　选择随手拍

图 3-300

6. 安全考试记录

该菜单用于记录安全考试的相关信息,并进行管理,如图 3-301 所示。

图 3-301

点击"新增",页面如图 3-302 所示。

图 3-302

若点击"考生信息查询",则可以查阅参加考试的考生信息,如图 3-303 所示。

图 3-303

7. 特种设备检查

该菜单用于录入项目相关特种设备的检查信息,并进行管理,如图 3-304 所示。

图 3-304

点击"导出",可将已录入的数据导出到用户当前使用的设备里。点击 "新增",页面如图 3-305 所示。

图 3-305

8. 特种人员管理

该菜单用于录入特种工作人员的信息并进行管理,如图 3-306 所示。

图 3-306

点击"导出",可将已录入的数据导出到用户当前使用的设备里。点击"新增",页面如图 3-307 所示。

图 3-307

3.2.4.5 现场管理

该菜单下辖四个子菜单:"项目联系单"、"项目变更管理"、"停复工记录"和"现场单据",用以对项目实施中各种现场情况做记录留存。

1. 项目联系单

该菜单用以录入各项工程中遇到的项目联系单相关信息并进行管理,如图 3-308 所示。

图 3-308

点击"新增",页面如图 3-309 所示。

图 3-309

2. 项目变更管理

该菜单用于录入和管理各项目中所遇到的变更记录相关信息,如图 3-310 所示。

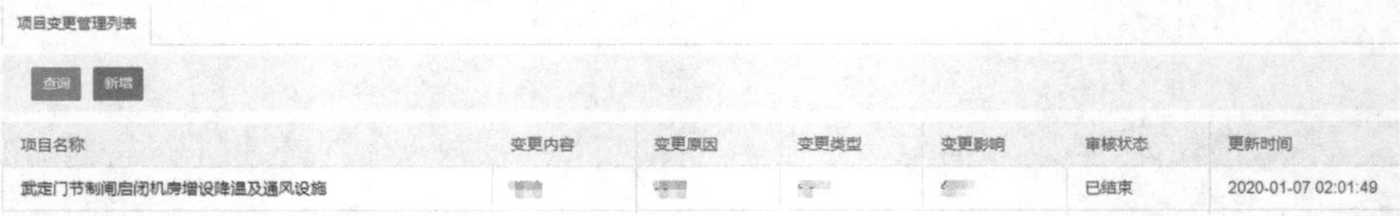

图 3-310

点击"新增",页面如图 3-311 所示。

图 3-311

3. 停复工记录

该菜单用以录入工程中遇到的停复工记录并进行管理,如图 3-312 所示。

图 3-312

点击"新增",页面如图 3-313 所示。

图 3-313

4. 现场单据

该菜单用以记录工程中开具的现场单据并进行管理,如图 3-314 所示。

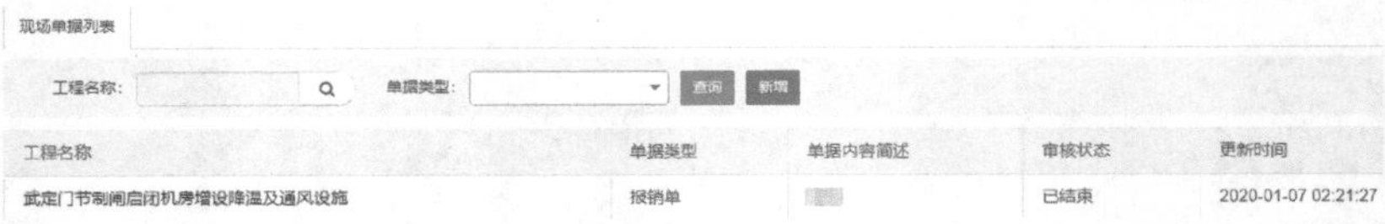

图 3-314

点击"新增",页面如图 3-315 所示。

图 3-315

3.2.4.6 养护管理

养护管理是对于养护计划的管理。

该页面可以显示当前年度所在站所按季度划分的养护计划条目,也可以查询其他年份的养护计划。每一条养护计划在送审之前可以修改,而送审之后则不能再做修改,如图 3-316 所示。

需要注意的是,送审针对的是全季度,一旦提交则表示该季度养护计划全部完成,不可再做调整。

左上角显示"养护项目管理"字样,这也是一个建立管理卡的流程。左侧

图 3-316

菜单与"维修项目管理"中的菜单类似,按步骤进行。该页面是第一个步骤"养护计划"的主页面。右上角的"管理卡下载"和"附件"选项,与"维修项目管理"中的作用一样,如图 3-317 所示。

图 3-317

以 2018 年度第三季度养护计划为例,点击进入。

1. 养护计划

"养护计划名称"和"执行时间",作为 2018 年度第三季度养护计划的内容,这两条为默认信息。需要填写的是"计划负责人"栏目和相关的"备注"信息。

点击"新增"按钮,任务栏多出一些需要填写的信息,作为该养护计划的基本信息,需填写完毕并保存,如图 3-318 所示。

图 3-318

该条任务右侧有四个按钮："养护预算"、"实施方案"、"删除此行"及"编辑此行"。

点击"养护预算"按钮，可以新增数据或导入根据模板准备好的文件，如图 3-319 所示。

图 3-319

填写完所有信息，点击"保存"（此处"复价"带有自动计算功能）（图 3-320）。

图 3-320

点击"提交申请"按钮，对现有的预算条目进行申请，一旦提交申请后，该预算不可再做更改。

点击"返回"，回到上一页面，可以看到该项后方的"删除此行"及"编辑此行"已经消失，因其中有内容正在审核，故而这两种操作不可再施行，如图3-321所示。

图 3-321

点击"实施方案"，可以进入 Word 文本编辑框，如图 3-322 所示。

图 3-322

实施方案保存后即回到上一页面，确定信息输入完毕后，点击"提交申请"，可以看到页面上方有"正在审核"字样，同时在页面下方的"流转信息"中也可以看到审批情况。

2. 养护情况

养护计划审核完毕,进入"养护情况"菜单,页面如图 3-323 所示。

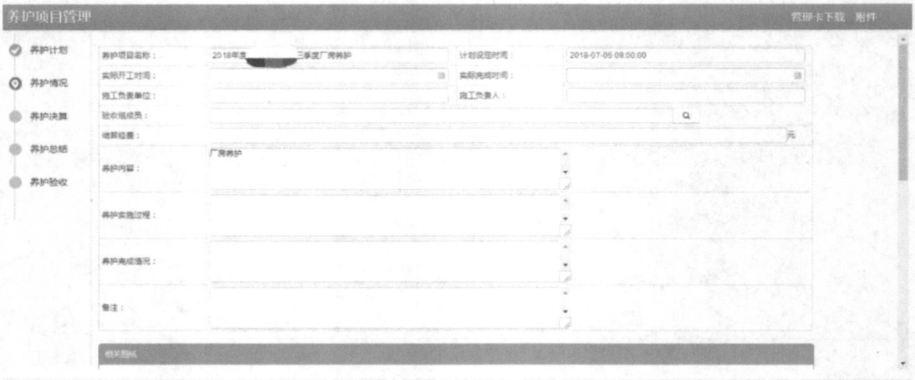

图 3-323

此页面可以录入养护计划相关信息,并上传附件。

录入相关信息后,可在页面最下方点击"保存"并提交,则系统跳转到如图 3-324 所示页面。

图 3-324

此时项目在审批过程中,审批完成即进入到下一步——养护决算。

3. 养护决算

养护决算页面如图 3-325 所示。

图 3-325

点击右侧"养护决算"按钮，进入如图 3-326 所示的页面。

图 3-326

此处可新增相关条目，或导入按照模板做好的电子文档。输入需要填写的内容后，点击"保存"，之后即可提交申请，审批后进入下一步——养护总结。

4. 养护总结

点击"养护总结"，如图 3-327 所示。

该页面为 Word 文本编辑框，输入相关内容，点击"保存"即可进入下一步——养护验收。

图 3-327

5. 养护验收

点击"养护验收",页面如图 3-328 所示。

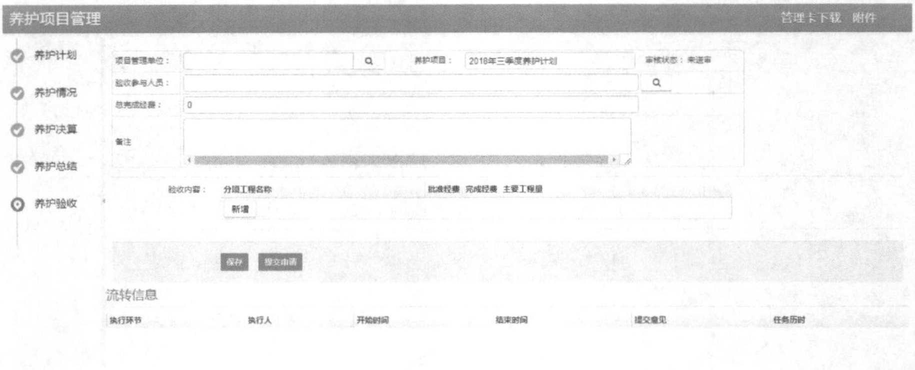

图 3-328

此页面中,"养护项目"栏锁定不可修改,表示此计划为"2018 年三季度养护计划",其他内容按照需求填写。输入完毕后点击"保存"即可,如需修改,在未提交申请前可随时操作。

页面最下方,有"流转信息"栏,与"维修管理"中的"流转信息"栏相同,此处将显示提交申请后的审批过程。相关内容可以参考审批流程。

审批后,页面下方呈现相关流转信息,如图 3-329 所示。

至此,养护计划管理完成。此时,可点击页面右上角"管理卡下载",进行

图 3-329

下载作业。

养护计划一旦提交,不可增改,最终提交即为定论。在尚需修改时,可逐条增加并进行至养护验收步骤,暂不提交。

3.2.5　防汛防旱

调度指令是汛期期间,由于水位变化,需要开闸、关闸而下发的指令。调令列表如图 3-330 所示。

图 3-330

1. 命令票(图 3-331)

命令票是开闸、关闸要填写的操作票、工作票,在平台上填写之后可以生成电子版打印下来。

命令票需要关联调度指令,录入正确的接令时间、操作类型、指令顺序、闸门孔数、操作高度、发令人、受令人、发令时间、受令时间、闸门开度等信息,提交后走审批流程(图 3-332)。

图 3-331

图 3-332

2. 工况信息

工况信息包含泵站以及闸站的每日工作情况、开机的台数、操作的类型等。每日填写入库，能清晰地了解泵站以及闸站每天的运行情况。

泵站工况信息列表

查询　新增

站点	开机台数	操作类型	更新时间	操作
新河节泵站	5	抗旱	2022-02-07 10:20:00	修改　删除
新河节泵站	4	抗旱	2021-07-15 09:50:00	修改　删除
新河节泵站	0	抗旱	2021-06-25 08:00:00	修改　删除
新河节泵站	5	排涝	2021-06-24 21:58:00	修改　删除
武定门泵站	0	抗旱	2021-06-24 08:00:00	修改　删除
新河节泵站	0	抗旱	2021-06-24 08:00:00	修改　删除
新河节泵站	6	排涝	2021-06-16 13:49:24	修改　删除
武定门泵站	3	抗旱	2021-06-08 21:38:00	修改　删除

图 3-333

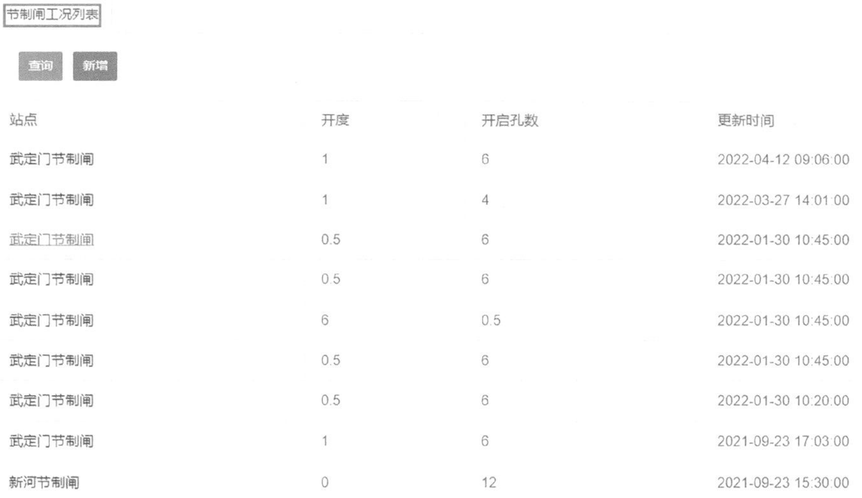

节制闸工况列表

查询　新增

站点	开度	开启孔数	更新时间
武定门节制闸	1	6	2022-04-12 09:06:00
武定门节制闸	1	4	2022-03-27 14:01:00
武定门节制闸	0.5	6	2022-01-30 10:45:00
武定门节制闸	0.5	6	2022-01-30 10:45:00
武定门节制闸	6	0.5	2022-01-30 10:45:00
武定门节制闸	0.5	6	2022-01-30 10:45:00
武定门节制闸	0.5	6	2022-01-30 10:20:00
武定门节制闸	1	6	2021-09-23 17:03:00
新河节制闸	0	12	2021-09-23 15:30:00

图 3-334

3.3　无人机巡查

3.3.1　建设背景

国家"十四五"规划纲要中明确指出要"加快数字化发展，建设数字中国"，首次将数字经济发展和数字化转型提高到了国民经济的高度，也进一步推动数字政府建设发展。水利部《"十四五"智慧水利建设规划》中针对无人机及人工智能等技术在智慧水利建设过程中的业务应用做出了明确要求,通过加强无人机等新型监测手段,构建天—空—地一体化水利感知网是完善水利信息基础设施体系的基础支撑环境,开发无人机巡河分析预警技术、建设无人机测控数传走廊、集成无人机视频与图像分析技术,运用水利设施安全等自动识别预警技术和水旱灾害情势、水库调度效果等自动监测评估技术进行分析预警。

秦淮河水利工程管理处负责秦淮新河、武定门两座秦淮河流域大中型控制性水利枢纽的运行管理,承担秦淮河流域防洪减灾、抗旱灌溉、城市排涝、水环境改善、航运保障和石臼湖、固城湖管理与保护等任务。通过借助无人机智慧巡航技术,可为日常管理工作带来全新的监管手段,极大地提升了监管效率。

3.3.2 设计思路

秦淮河水利工程管理处无人机智慧巡航系统的建设,依据"需求牵引、应用至上;统筹规划、分步实施;突出重点、示范引领;整合共享、协同推进;技术先进、安全可靠"的原则开展,深入贯彻落实党的二十大精神,切实提升水旱灾害防御能力、水资源集约节约利用能力、水资源优化配置能力、大江大河大湖生态保护治理能力,是实现数字化场景、智慧化模拟、精准化决策,赋能水旱灾害防御、水资源管理与调配等核心业务,提升流域治理管理能力和水平,为水资源配置管理和高质量发展提供有力支撑和强力驱动,是以中国式现代化全面推进中华民族伟大复兴的坚实的水安全保障。主要建设目标如下:

(1)进一步完善天—空—地一体化感知体系

在秦淮新河闸管理所原有可视化监控点位、传感器监测点位、数据汇集传输点位等感知体系的基础上,打造无人机智慧巡航系统,进一步完善天—空—地一体化水网感知体系,提升面对复杂情况下获取目标区域现场数据的能力。

(2)进一步构建水环境监管全流程机制

充分发挥无人机巡、控、纠、采的优势,构建事前预警、事中干预、事后取证的水环境监管全流程机制,满足多项管理处日常监管业务的治水需求,全面提升智慧化水利治理能力,构建立体化监管体系。

(3)进一步增强水事监管质量和效率

提升水事监管工作成效,扩大监测预警的覆盖面,精准巡查水面漂浮物、违规钓鱼、人员入侵等现象,提高自动化巡查、智能化分析预警决策水平,全面提升监管范围内的河道巡查、水资源调度能力。

无人机智慧巡航系统由无人机智慧巡航平台、水利智能识别应用以及边端设备三部分构成。总体架构如图 3-335 所示。

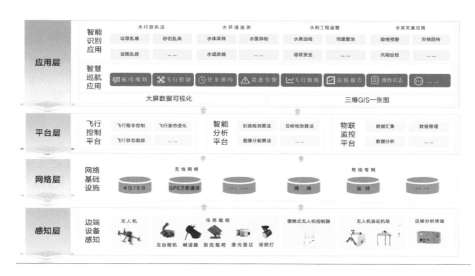

图 3-335

感知层通过利用无人机挂载云台相机、喊话器、测流雷达等边端感知设备，可实现低空数据的全面采集。边端设备作为整个系统重要的数据来源和命令执行载体，在整个系统中处于重要地位。通过部署无人机和自动机场实现无人机自动化飞行，摆脱无人机巡航对于飞手的依赖。无人机挂载云台载荷实时回传前端画面，实现可视化巡航，同时借助周边气象监测站和监控设备，可对当前环境是否满足安全巡航条件提供决策依据。机场内置了边缘分析终端，实现数据实时处理，极大地增强了无人机对水利监管的灵活性与时效性，为水利运行管理智慧化奠定了基础。

通过网络层的安全传输将原本分散的分析性数据汇聚融合，同时借助飞行控制平台、智能分析平台及物联监控平台实现数据结果的功能性应用。在应用层，面向管理处日常监管场景实现了智能识别应用，并基于 PC 端实现数据的实时分析和可视化展示。

无人机智慧巡航应用主要包含远程飞行控制、无人机巡航管理、隐患告警、系统管理等业务应用功能模块，方便管理人员更好地使用平台。

水利智能识别应用通过人工智能算法对巡航过程出现的目标进行识别，

实现了对违规游泳、倾倒垃圾、船只、钓鱼等场景的智能监管,提升了监管效率与管理能力,推进智慧水利迈向高质量发展。

无人机智慧巡航系统操作流程如图 3-336 所示。

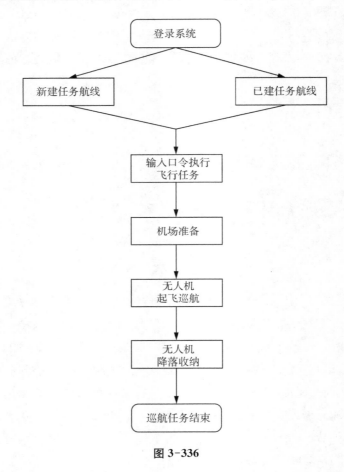

图 3-336

3.3.3 系统功能

3.3.3.1 GIS"一张图"

基于 GIS 服务,通过"一张图"的方式直观展示已部署无人机的分布位置。通过 GIS"一张图"实现了无人机与机场的统一管理,单击左侧无人机名称可直接定位无人机所在位置,双击名称即可进入相应无人机飞行控制大屏,对无人机和机场进行控制操作(图 3-337)。

图 3-337

3.3.3.2 无人机远程控制

1. 飞行控制大屏(图 3-338)

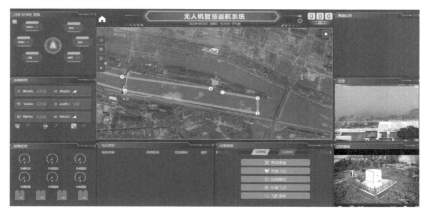

图 3-338

飞行控制大屏分为普通模式和专业模式。普通模式下界面包含机场描述、库水位变化趋势/水位流量关系图、实时雨水情、断面信息、告警轮播、实时视频、飞行历史及控制面板等功能模块。

主地图/视频:若当前没有飞行任务,则该模块用于展示默认的航线轨迹,在主地图状态下,用户可任意切换地图图层及窗口显示模式,也可切换为视频显示模式查看无人机的现场视频;若当前正在执行飞行任务,则该模块用于展示无人机巡航的实时视频,在主视频的状态下,用户可进行全屏切换并展示无人机当前的任务视频,也可切换回地图显示模式。

机场描述:对站点信息和自动机场基本情况进行展示。

库水位变化趋势/水位流量关系图:在航线站点配置完成后,若配置水库监测站点,可自动显示一定时间范围内的库水位变化趋势图;若配置河道相关的监测站点,则自动显示水位流量关系图。机场位于水库监测站点时,则可自动显示一定时间范围内的库水位变化趋势图;若机场位于河道站点,则自动显示水位流量关系图。

实时雨水情:根据航线站点配置以图表形式显示的实时水雨情信息。

断面信息:根据断面配置信息显示水库大坝或者河道断面信息。

实时告警:对告警信息以图片方式进行轮播。

实时视频:默认显示机场实时视频情况,可通过主地图/视频模块的功能按钮进行切换,也可另外选择机场内部视频或无人机视频进行查看。

飞行历史:展示航线名称、飞行开始和结束时间,可查看视频回放。

控制面板:该模块可一键操作,实现无人机自主飞行,也可在无人机飞行任务中进行自动/手动模式的切换。

飞行控制大屏专业模式下可查看无人机设备状态、控制信息、环境信息等数据,帮助用户更全面地获知当前系统状态。

设备状态:对无人机电池的电量、温度、GPS卫星数量、无人机飞行速度等信息进行监测。

控制信息:对无人机遥控系统、遥控信号、飞控系统、定位模式、图像锁定、图传信号、飞行偏航角监测、云台俯仰角显示等控制信息进行监测。

环境信息:可查看外部风速、温度、湿度、雨量和内部温度、湿度等情况,对机场内电池电量进行监测。

2. 无人机飞行控制

(1)自动模式

无人机自动模式包含机场准备、开始飞行、机场复位、结束飞行及飞机悬停5个功能。

机场准备:机场内部机械臂给无人机装电、开启无人机、打开顶门并将无人机升至机场顶部,等待起飞。

开始飞行:机场准备完毕待控制信息全部获取后,点击"开始飞行"按钮,无人机自动执行巡航任务。

机场复位：机场内部机械臂、平台恢复至初始位置，并将无人机进行固定。

结束飞行：无人机巡航过程中，可点击"结束飞行"，提前结束飞行任务。此时无人机会自动飞回机场上空，降至一定高度后进行精准降落。

飞机悬停：无人机巡航过程中，可点击飞机悬停，飞机接收指令后即进行悬停动作。

（2）人工控制

无人机巡航过程中，进行飞机悬停操作后，即可对无人机和摄像头进行手动控制。

无人机控制：人工介入操控飞机可做飞机升降、左右横滚、左右旋转、前进后退等动作；点击"自动模式"可切换回航线飞行，继续执行巡航任务。

摄像头控制：俯仰角度调整，左右旋转角度，变焦倍数调整，镜头切换（可见光、红外、画中画）。

（3）无人机视频存储（图 3-339）

系统支持无人机飞行任务中进行拍摄、录制等动作，待无人机降落后会将云台存储卡中的图像、视频自动传输至机场工控机存储。系统可支持 72 小时巡航数据的存储。

图 3-339

3. 实时视频查看（图 3-340）

监管人员可以通过 Web 浏览器，观看实时视频图像；能够实现对前端云台镜头的远程控制，对巡航时所关注的目标进行更大范围的跟踪观察；具备图像自动切换功能，可根据系统运行环节自动切换视频视角。

（a）　　　　　　　　　　　（b）

图 3-340

3.3.3.3　无人机巡航管理

1. 航线规划

（1）航线管理（图 3-341）

航线管理包含航线新增、删除、设置默认航线、预约飞行等功能。用户可根据需求进行巡航路线的自主设置，设置内容包括但不限于：设置预约航线、机场默认航线和删除航线，其中还包括航点数统计、预计飞行里程、预计飞行时间、航线名称、航点动作等信息。

图 3-341

（2）航线信息配置（图 3-342）

利用工具对航线中的气泡点及航点进行标记配置。气泡点可通过配置页面对气泡点类型、经纬度、显示位置、标题、关联断面、相对高度及描述内容等事项进行编辑，同时支持通过固定模板统一导入气泡点的功能；航点配置页面可对航点经纬度、标题、相对位置、显示时长及描述内容进行配置。

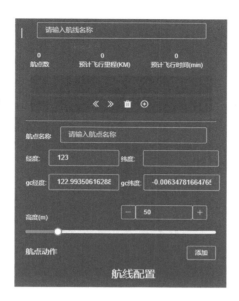

图 3-342

（3）航点管理（图 3-343）

在进行航线规划时，可对每个航点进行针对性的动作设置以满足不同的巡检需求，每个航点可设置拍照、开始/停止录制、偏航角、俯仰角、焦距、速度、悬停、巡检等动作。

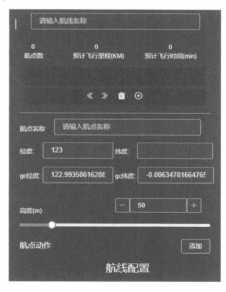

图 3-343

2. 飞行历史

在无人机飞行历史界面中可查看无人机飞行记录(图 3-344)。查询内容包括飞机名称、航线名称、任务开始时间、任务结束时间、飞行录像回放及飞行详情。通过飞行详情页面可查看飞行过程中所拍摄照片的相关信息(图 3-345)。

图 3-344

图 3-345

3. 巡航报告

可根据无人机巡航过程中识别的相关隐患,查询下载巡航报告,报告记录了飞行信息、告警详情、分析结论等信息,方便巡航过程的规范化管理。

3.3.3.4 隐患告警

1. 告警推送

无人机巡航过程中识别的告警信息可推送至平台,平台详细展示告警发生的时间、类型、位置、告警等级等,支持对告警信息进行推送提醒的操作。

2. 告警历史

对无人机巡航过程中识别的告警信息进行统一查询管理。以图片轮播的方式滚动显示告警详情,也可查看发生告警信息的录像,并对告警进行相关操作(图 3-346)。

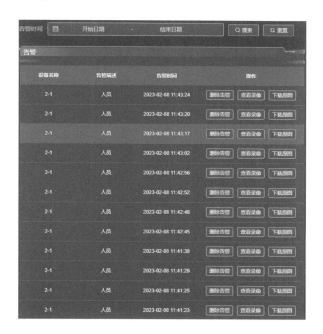

图 3-346

3.3.3.5 系统管理

1. 操作日志(图 3-347)

可对用户日志、机场遥测、无人机遥测及故障日志 4 类日志按照操作时间进行查询,帮助用户定位和分析系统故障或其他问题。

(1)用户日志:填写用户名、选择时间段后,可以查看与下载该用户在规定时间段内的所有操作日志。

(2)机场遥测:选择机场、时间段后,可以查看与下载该机场在规定时间段内的所有遥测信息。

(3)无人机遥测:选择无人机、时间段后,可以查看与下载该无人机在规定时间段内的所有遥测信息。

(4) 故障日志:选择机场、无人机,并选择时间段后,可以查看与下载所选设备在规定时间段内的所有故障日志。

操作时间	IP地址	所属机构	操作内容	操作结果
2023-10-20 10:45	127.0.0.1	初始化机构	查询航线任务列表	访问成功
2023-10-20 10:45	127.0.0.1	初始化机构	查询单条航线	访问成功
2023-10-20 10:45	127.0.0.1	初始化机构	查询航线列表	访问成功
2023-10-20 10:45	127.0.0.1	初始化机构	查询航线列表	访问成功
2023-10-20 10:45	127.0.0.1	初始化机构	查询航线列表	访问成功
2023-10-20 10:45	127.0.0.1	初始化机构	查询机场默认航线	访问成功
2023-10-20 10:45	127.0.0.1	初始化机构	查询机场对应的无人机	访问成功
2023-10-20 10:45	127.0.0.1	初始化机构	查询飞行记录	访问成功
2023-10-20 10:45	127.0.0.1	初始化机构	查询设备列表	访问成功
2023-10-20 10:45	127.0.0.1	初始化机构	查询机场信息	访问成功

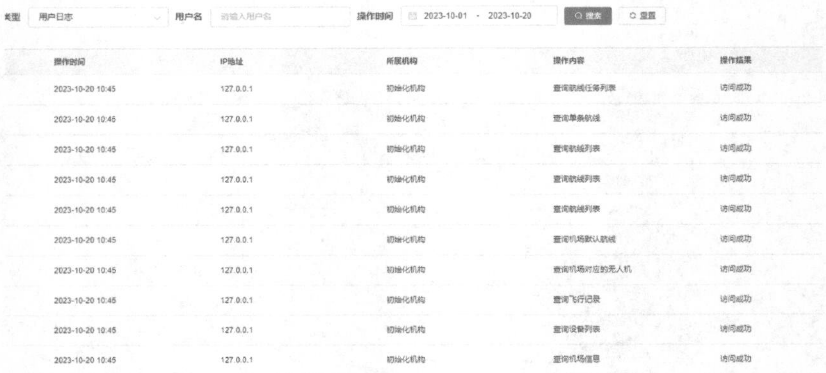

图 3-347

2. 航线站点

在已有的水文监测站点库中选择与默认航线相关联的雨量站、水文站、水位站及水库站等,保存成功后即可在平台中显示相关图表及信息(图 3-348)。

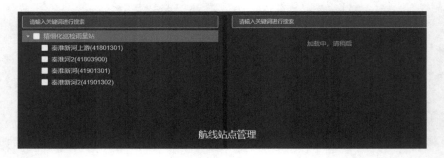

图 3-348

3. 断面配置

针对不同航线涉及的断面信息进行增、删、改、查。断面信息主要包括断面名称、关联航线名称、断面经纬度位置、断面尺寸信息及关联的测站等(图 3-349)。

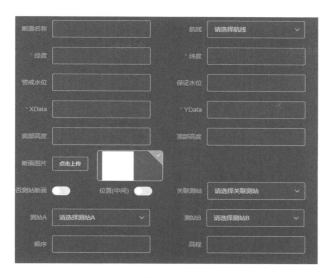

图 3-349

4. 设备管理

水利无人机智慧巡航系统属于系统管理中的设备管理模块,主要针对无人机名称、设备型号、版本号、视频地址等配置无人机设备参数。

5. 用户管理

水利无人机智慧巡航系统针对用户管理可以实现新增、删除、搜索用户,以及修改用户、重置密码等功能。

第四章
支撑服务

4.1 数据中台

4.1.1 引言

水利工程是稳定生产和保障民生的重要基础工程,按照建设网络强国、数字中国、智慧社会的总体部署,加强新一代信息技术的应用,推进智慧水利工程建设,是全面落实"两新一重"要求、积极践行水利改革发展总基调、驱动水利现代化发展的必由之路。随着新一代信息技术的发展与应用,"大数据+行业"渗透融合全面展开,成为促进生产生活和社会管理方式创新变革的重要驱动。为全面推动落实党中央、国务院关于大数据发展的系列决策部署,水利部印发了《关于推进水利大数据发展的指导意见》,这标志着水利大数据发展进入了一个新阶段,在此背景下,充分认识大数据在水利改革发展中的重要作用,分析水利大数据发展和应用面临的机遇与挑战,研究水利大数据管理的有效途径,明确水利大数据发展和应用的方向,显得尤为必要。

随着水利工程标准化管理的推进和发展,需要全面汇聚安全、质量、进度、资金、调度、运维等工程数据,利用云计算,通过模型分析和算法推演等大数据方法,深度挖掘工程运行管理中的数据价值,从数据中寻找规律、预测未来,利用大数据增强决策支持能力,提升工程的标准化管理能力。从水利工程运行的实际出发,通过分析研究大数据在特征、分类、构成、治理方法和辅助决策中的应用,以此开展大数据在水利工程运行管理中的应用研究,为实现水利工程标准化管理提供坚实基础和强力驱动。

4.1.2　数据中台的架构设计

当前,很多水利工程管理单位已经建设了业务信息化系统,但由于大部分信息化系统是由不同厂家独立建设的,由于分批建设等历史原因,这些系统数据在数据存储及使用上存在以下问题。

第一,标准化运维问题。数据分散存储导致数据在使用过程中需要业务人员配合才能定位数据;数据多源汇聚,维护工作量大;同义数据存在多源多表的问题;随着应用系统开发上线,数据运维能力需求将越来越迫切。

第二,缺少统一管控平台。无论是存量或者增量数据都缺少统一的管控平台,数据随业务系统新建而新增,当系统废弃不用后,历史数据存在无法被读取、使用的风险。

第三,数据割裂共享难。办公、财务、档案、调度、工程管理、工程监控等业务因涉及不同部门,各个系统呈现"烟囱式"数据库,系统间数据互通难;与水利、国土、气象等部门外部数据交换、共享不够;缺少数据共享的全生命周期的数据统一管理。

第四,数据价值无法体现。跨业务领域的数据挖掘及关联分析因数据共享难,无法有效挖掘数据价值并将数据价值反作用于生产,从而提升运营管理水平和企业战略决策水平。

数据中台就是为了解决上述问题而提出的一种数据资产架构设计方案,通过对业务问题进行归类分析和梳理,形成数据中台的关键功能需求。数据中台的数据资产体系见图 4-1。

(1) 数据接入难。通过数据库脚本或者定制程序方式接入数据为主,可视化程度低。业务系统数据表多,需要人工分析底层表结构,工作量大、耗时久。

(2) 数据标准弱。缺乏数据标准管理工具,通常以口头约定、规范文档方式进行管理,实际执行落地情况较差。

(3) 模型构建不可见。数据模型构建只有理论指导,缺乏工具产品约束数据仓库开发人员,模型落地难。数据开发以 SQL 脚本和存储过程方式为主,可读性差,维护困难。

(4) 数据应用弱。数据模型体量大,无可视化管理能力。通常以 SQL 方式搜索数据,缺乏全局、智能的可视化搜索能力。

（5）数据管理缺失。以日志管理、系统运维为主,缺乏数据质量问题、数据加工问题,以及数据全链路跟踪等运维管理能力。

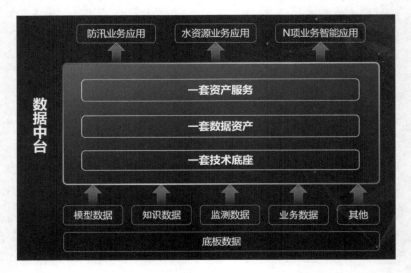

图 4-1

4.1.2.1 数据接入汇聚

数据接入类型包括本地文件、关系型数据库、大数据仓库、文件系统和API 接口。

采用 Spark 计算引擎进行数据抽取、接入,在接入的过程中进行了性能调优,并实现了出错回滚机制。

数据接入的底层采用了任务调度机制,对于离线按批次加入的数据,可以灵活地配置定时周期。

（1）库表方式接入

支持全量及增量接入。关系型数据库根据事务日志变化进行实时抽取,以及其他种类包含增量字段的数据表的增量抽取,支持数据库表的批量载入。

（2）API 方式接入

除数据库直连同步和文件连接同步以外,通过定义接口提供方、接口格式、接口类型、字段、参数的方式直接调用应用程序的 API 进行数据采集,支持手工增加字段和录入数据。

（3）连接管理

连接管理是对数据采集、汇聚的连接进行管理。支持对数据源的各种连接与规约机制进行配置，如网络位置、文件名和路径、服务器名称、端口、用户、密码、连接时间、连接方式等。

4.1.2.2　数据的集中治理

可视化配置方式完成原始数据的过滤、去重、转换、关联回填等标准化操作，将数据转换成符合系统定义的标准数据的格式，并对数据集进行关键信息补全。

系统支持用户自定义过滤表达式，完成信息的判别和分离，实现冗余垃圾信息的过滤。被识别为冗余或垃圾的数据可以直接去除，也可以保存供后续处理。系统支持设置数据的重复判别规则和合并策略，对数据进行重复性辨别、合并或清理。

系统支持将来源数据转换成标准格式进行输出，针对不同来源的同类数据，系统提供丰富的函数进行转换，同时系统支持筛选来源数据的列信息，并支持对原有列重命名。

支持丰富的转换函数，包含数据标准化函数、字符串操作函数、数学函数、常量运算函数、日期函数、比较函数、逻辑函数 7 大类，完成标准化操作。

4.1.2.3　数据的加工清洗

离线算子处理采用 Spark 作为计算引擎，Spark 模型将一个大的计算问题分解成多个小的计算问题，由多个 map()函数对这些分解后的小问题进行计算，输出中间计算结果，然后由 Reduce()函数对 map()函数的输出结果进行进一步的合并，得出最终的计算结果。支持数据清洗、转换等数据预处理功能，包括但不限于过滤、排序、分组选择、自定义 SQL、行转列、列转行、聚合、表连接（JOIN）、联合（UNION）、文件保存、字典转换、地址归一化、图片元数据提取、文本内容、存储过程调用等。此外，系统支持二次开发能力集成，支持用户以 Java、Python、Shell 语言快速开发自有功能并集成到数据中台。

实时处理采用 Flink 作为计算引擎。系统支持数据清洗、转换等数据预处理功能，包括但不限于删除列、新增列、过滤、Flink 内置函数转换等；支持使用 SQL 方式操作数据；支持数据分发，将数据存放到 Kafka 上。此外，系统支持二次开发能力集成，支持用户提交自定义 jar 包集成到 Flink 运行环境上。数据实时/离线处理流程见图 4-2。

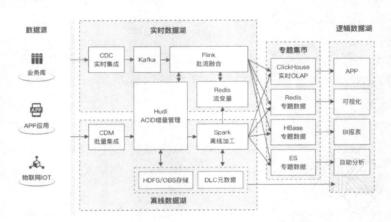

图 4-2

4.1.2.4 数据的安全共享

1. 数据标准管理

数据标准管理是数据中台的基础组件，用于规范和约束数据资产中所有数据的命名、含义、取值、格式等，包括数据元标准、限定词标准、数据集标准和数据字典规范，以保证数据具有统一的规范。

2. 数据安全

数据权限是数据安全的关键组件，以实现数据资源权限配置和控制功能。系统支持数据资源目录、数据资源及其列权限的配置。系统根据用户的权限来控制数据资源的可见范围，并提供相应的服务。

支持配置数据分级分类来描述数据的多维特征和内容敏感程度，为数据资源的开放和共享策略提供支撑。数据中台基于用户数据资源的分级分类权限，展示对应等级的数据或通过接口提供相应等级的数据访问权限。

数据的安全共享模式见图 4-3。

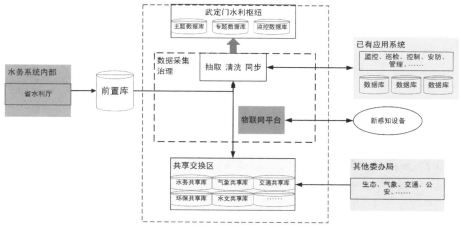

图 4-3

4.1.2.5　数据的资产管理

　　每一个企业都需要有效地管理其日益重要的数据，通过业务领导和技术专家的合作，数据资产管理职能可以有效地提供和控制数据和信息资产。以数据资源目录作为目录体系的基础，整合主题数据资源库的数据资源，以目录服务方式为业务系统、BI 分析或其他新建设应用系统提供数据资产访问。系统提供灵活的方式供客户构建各类数据资源目录形成数据资产。

4.2　应用场景

　　数据中台在水利工程信息化建设中的运用可以实现数据的快速处理和分析，提高水利工程的运行效率和水资源的利用效率。下面将从三个方面探讨数据中台在水利工程信息化建设中的应用。数据中台的支撑场景见图 4-4。

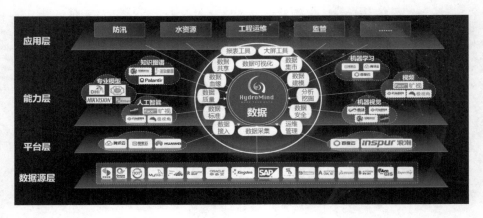

图 4-4

4.2.1 数据底板的数据存储支撑场景支持

重点构建闸(泵)站 L3 级数据底板。依托数据中台进行数据底板的分布式存储,将传感器数据、节制闸和泵站运行数据、现场视频监控采集数据、设备管养维修数据及上级巡查数据等内容汇总至数据中心便于后期数据查询和数据应用。

L3 级数据底板:BIM 模型、倾斜摄影模型、水下地形、图纸。

此外,还包括水利对象基础数据、监测数据、业务数据,以及多媒体数据等。

(1) 水利对象基础数据:包括武定门水利枢纽基础信息(河流、污染源、排口、测站等)、考核信息(考核制度、考核目标)、水环境综合治理信息、水源分区。

(2) 监测数据:包括水位、雨量、流量、水质、监控(视频监控、计算机监控)等。

(3) 业务数据:包括巡查、污染源、水质预测、告警、公众调查、工程效果评估结果、调度指令、应急事件、应急资源等数据。

(4) 多媒体数据:包括图片、视频等多媒体数据,文件、资料等档案数据。

4.2.2 模型平台的数据加工处理场景支持

搭建水文、水力学通用模型(方法)库,开发水资源、水环境模型,水利工程安全分析评价模型，水利工程运行预测等模型。研发图像与视频智能识别模型，研发智能算法，开发可视化模型。数据中台集成算法模型作为专业的模型平台供第三方调度使用。

1. 水文模型

利用分布式水文模型模拟水利工程所在流域的降雨和径流，即利用高精度 DEM 数据资料确定所在流域水系模型，计算净雨，应用产汇流模型进行径流演算，经河道演进后，最终推求关键断面径流量的过程，评估洪水影响范围和水利工程对洪水的影响。

基于构建排涝控制范围内的水文模型，研究水利工程排涝范围内的水文与气象要素和管网、泵站工程运行等人类活动对河流水文过程的综合影响，以辅助判断排涝风险及不确定性，结合实测洪水数据模型评估洪水预报能力，为水利工程提升洪水灾害预报预警能力提供模型支撑。

2. 一体化水动力模型

以水利工程所在的流域为研究对象，基于近年来的水雨情、工情等数据，以流域水文模型为基础，搭建水利工程控制区的一体化水动力模型，通过实时感知的历史统计数据进行模型率定和验证，对实际场景进行模拟仿真，模拟控制区河流的水流状态，计算控制区的水位和流量，模拟控制区内防洪调度方案，针对不同降雨情况模拟闸、泵站水位和流量，模拟闸、泵站调度方案，制定闸、泵站管理运行方案，辅助分析水利工程对流域水质影响分析提供必要的技术支撑。

3. 工程安全分析评价模型

根据 BIM 的特性，将水利工程从规划、设计、施工到运行等阶段全生命周期的工程信息在 BIM 模型中集成，方便运营期管理者对建筑结构信息、监测仪器基本信息、合同信息、维护保养信息、监测数据等信息的查询、添加、修改。可视化应用是工程安全监测的主要特征，利用 BIM 技术的可视化特性，实现对水利工程整体结构、内部钢筋布置、监测仪器埋设位置、监测仪器工作状态、监测仪器设备合同信息、监测数据实现可视化查询与表达，最大限度地提高不同管理者对水利工程安全监测管理工作的认识，降低了查询、更新仪器信息的工作难度。

4. 工程运行预测模型

水利工程的全生命周期包括从规划设计、建设实施、投入运行到最终报废退役的全过程。水利工程全生命周期的健康会随着时间不断变化，运行使用阶段是水利工程全生命周期中时间跨度最长的，随着时间的推移及内外部因素的影响，工程存在机理老化、病害隐患等健康问题，而运行阶段的健康状况将直接关系到工程价值的实现。

5. 健康评价等级划分

建立水利工程健康评价指标体系，并将水利工程的健康状态分级，建立预测模型，选择科学的方法确定诊断结果。参考坝工工程的等级划分，借用医学上对人体健康的描述，将水利工程健康状况划分为"健康""亚健康""病变""病危"四个等级。

建立工程健康指标体系：综合考虑影响水利工程健康的各要素，按照层次分析法的思想建立水利工程健康诊断指标体系。基于水利工程内涵，从工程实体健康、工程管理过程科学、适应性及环境协调性三个维度构建评价体系的准则层，以综合反映水利工程运行的健康状况。其中，工程实体健康主要指工程外观缺陷、结构劣化、结构变异、渗漏、裂缝等状况；工程管理过程反映了管理单位在技术、经济、人员、组织等方面的管理水平；适应性反映了工程与社会的互适共融，主要是指工程效益的发挥、社会贡献度等；环境协调性反映了工程对自然灾害、气候、水文地质条件等自然因素的应对能力。在此基础上，根据层次性、完整性、可操作性、科学性等原则，构建水利工程健康评价指标体系。

建立预测模型：运用层次分析法、熵值法、模糊理论构建水利工程健康状态诊断模型。

输出预测结果：结合权重集和评判矩阵逐级进行模糊诊断，求出综合评价集，利用隶属向量评语集得出水利工程综合诊断结果。

6. 模型和数据可视化

泵站信息内容主要包括从规划、设计、施工到运营期各阶段所有的工程信息。

根据实际工程中埋设的各类监测仪器的外观、尺寸，利用 BIM 强大的建模功能，完成各类监测仪器模型的建立。通过 BIM 的三维视图显示功能，只需根据仪器的外观便可以确定该监测仪器在泵站中的安装位置。通过观察仪器模型显示的颜色便可以直接了解该监测工作的状态。

通过对监测数据的整理、分析，可以间接了解水利工程在不同工况荷载作用下的结构健康状态。监测数据的可视化应用有效地解决了传统数据分析结果抽象、难理解所带来的问题，提高了管理工作者在应对突发状况时分析问题、解决问题的能力，还可以对管理部门提出的所有应对方案进行可行性验证，并在最短的时间内确定最优应对方案。

4.2.3　知识平台的资源数据化场景支持

知识方面重点构建流域防洪和水资源管理与调配等预案库，开发水利知识图谱，建设流域防洪、工程运行、应急预案等专家经验库。依托数据中台实现知识的储存、知识的更新、知识的运用，最后到知识的废除，通过支撑知识平台建立完善的操作机制，形成知识管理的闭环。

1. 工程防洪与排涝能力

基于历史积累数据，进行大数据分析与挖掘，根据防汛数据分析成果，梳理防汛常用知识，如小时降雨量、日降雨量、重要断面水位流量、易积淹点历史积淹次数深度、降雨重现期、梅雨期持续天数等，形成知识分类。

根据知识分类，对历史系列数据进行抽取与标注，形成标签化分类管理，知识库数据随着数据的不断生成会迭代更新。

2. 工程运行

建立自学习的工程运行知识库，帮助运维人员对故障快速诊断定位，给出解决方案，部分故障可实现自恢复。

3. 应急预案

提供管理单位或工程应急预案的统一管理，并可直接在平台上展示，方便用户在特定时期查阅与使用。在统一的应急预案框架下制定不同事件的应急预案，应急预案框架应包括启动应急预案的条件、责任部门、应急处理流程、系统恢复流程、事后教育和培训等内容；将安全事件的等级进行划分，包括响应的范围等。

》 第五章
运行管理

5.1　运行管理组织

为使系统安全、稳定、可靠地运行，必须配备具有相应专业知识的技术管理人员从事信息化工程的运行、管理和维护，并参与工程全过程的施工，同时建立严格的规章制度和强有力的领导体系。

为了有利于系统运行维护工作的开展，运行维护机构的设置及其人员配备还应考虑到建设管理机构及人员的职能转换与延续。

5.2　运行维护管理规范

制定严格的规章制度及其监督执行措施，项目各级运行管理部门在制定管理办法及规章制度时，应包括以下几个方面。

1. 岗位责任制

系统运行、管理、维护要有明确的岗位责任，按各级各层次各专业管理部门的实际需要定岗、定人、定责、定权，由上一级管理部门负责考核，以确保岗位责任制度的落实执行。

2. 设备管理制度

包括平台、专业应用系统在内的运行系统，软硬件资源设备品种繁多、数量大，应对系统内资源设备的操作使用、保养维护、故障处理等做出严格规定。

3. 安全管理制度

安全管理主要指计算机网络安全体系的管理,其主要任务是提出系统安全技术、组织措施,保证信息安全传输。其中包括建立安全管理体系、制定安全管理措施、进行身份验证、操作、访问控制等,对信息的保密性做出规定,并按有关规定对系统运行进行安全检查,实施安全管理。

4. 技术培训制度

由于项目科技含量较高,而且随着信息技术的发展,相关知识更新较快,因此要求各级管理机构根据本系统的专业范围和实际需要,建立健全技术培训制度,对系统中不同层次的运行管理和操作人员进行专业理论知识和实际操作技能的培训。

5. 文档管理制度

文档管理是系统运行管理的重要组成部分。考虑到文档的完整性和连续性,应在工程建设开发期间已经建立起来的文档管理基础上,继续完善文档管理工作,包括建立文档目录、文档检索、加密及安全保护措施、借阅使用规定、更新控制、文档归档要求等。按照文档管理规范要求进行文档管理工作,充分发挥文档在系统运行中的作用。

6. 运行维护分工与职责

(1)按科室的岗位责任制,对各层次管理机构包括信息采集、通信、计算机网络、专业部门,实施全面的业务和技术管理,协调它们之间的关系。

(2)负责系统的运行维护,协调处理本系统运行中出现的有关问题。

(3)结合行业法规和有关规定以及建设管理过程中制定的相应管理条款,组织制定本系统各层管理部门的运行管理规章制度,并提出监督和检查执行情况的管理措施。

(4)负责本系统年运行费用的估算和筹措。

(5)负责本系统的技术文档管理。

(6)负责本系统技术人员培训。

7. 信息化运维管理制度

建立健全环境信息化运维管理制度,为环境信息能力建设提供保障,包括但不限于以下几种管理制度。

(1)机房管理制度

机房管理制度应规定机房管理规章,制定值班、交接班制度,明确职责,严格执行出入机房的规章;监控并保证机房空气调节系统、UPS 系统运行良好;确保机房防盗、防火、防雷、防水、防潮、防静电等。

（2）安全管理制度

建立信息安全管理工作的总体方针和安全策略,并对安全管理活动中的物理安全、网络安全、主机安全、应用安全等各类管理内容建立安全管理制度;对日常的安全管理操作建立操作规程,形成由安全策略、管理制度、操作规程等构成的全面的安全管理制度体系。

（3）存储备份及恢复制度

制定完善的数据备份策略和系统备份策略,应对备份时间、备份内容、备份方式进行明确规定,并在每次备份后进行备份记录;制定故障恢复方案,说明恢复的操作规程,建立良好的存储备份和恢复的管理机制。

（4）信息系统项目管理制度

为指导和规范信息系统项目总体管理,明确项目立项、组织实施、验收交付等各阶段的工作任务及产生的文档,包括项目进度控制、质量管理、沟通管理、风险管理、需求管理等,规范各流程所产生的文档,促进环境信息化项目的高质量管理。

（5）信息系统运行管理制度

建立信息系统运行管理制度,分别对环境管理、资产管理、介质管理、设备管理、安全管理、恶意代码防范管理、用户访问管理、变更管理、故障事件处理、应急预案管理等制定运行管理措施。

（6）培训制度

建立完善的信息化培训制度,定期对环境信息化人员进行培训,包括岗位技能培训、信息化意识教育、安全技术培训、系统维护培训等;并针对不同岗位制订不同的培训计划,为环境信息化建设及应用推广提供保障;定期面向全体工作人员进行培训,包括岗位技能、信息安全意识等。

8. 运行维护应急措施

（1）突发事件类型

信息系统突发事件分为网络攻击事件、信息破坏事件、信息内容安全事件、网络故障事件、软件系统故障事件、灾难性事件、其他事件等七类事件。一般来说,突发事件发生原因主要有基础设施平台或机房、业务系统平台故障而无法正常访问,受黑客攻击等。

（2）突发事件的应急流程

在故障发生后立即查看服务器系统状态，如果是系统软件出现故障，并且能进入系统，可以清晰定位故障原因，并可以立即排除，那么立即进行排除。如果估计在1小时之内不能定位故障原因，应报告客户经理和客户，同时联系厂商及技术支持协助排除，或根据技术支持的建议重新安装操作系统和应用系统。排除操作系统故障的方法：检查操作系统进程是否正常，有无非法进程，操作系统文件有无损坏丢失，是否受到病毒和木马程序侵害、黑客攻击。

如果不是操作系统故障，应该对应用系统进行仔细检查。检查方法：查看应用系统代码和数据是否被破坏、损坏、丢失，如果丢失，从正确的备份中进行恢复。

（3）突发事件的职责分工

协调人员：负责整体技术把控、技术支持及开发人员的临时紧急调配。

网络管理人员：负责域名及域名解析相关事宜。

机房管理人员：负责机房及服务器相关技术整体把控，相关维护管理人员的临时紧急调配。

（4）突发事件的应急策略

①做好应用数据、前置机、流媒体等服务器内容的备份。

②必要的情况下准备启用备用域名。

③做好备用服务器的搭建及测试。

9. 信息化设备运维

（1）硬件网络环境维护管理

保证路由器、防火墙、交换机等网络设备、服务器以及UPS等设备的正常工作。包括以下几个方面。

①资料整理

a. 网络拓扑。

b. 建立各设备信息库。统一登记每一网络设备，包括型号、类型、名称，并为每一设备进行编号。登记每台服务器的硬件配置和软件配置，记录保修商家的联系方式。

c. 各网络设备的配置参数。

d. 系统的IP地址规划以及路由规划。

e. 物理链接图。每一设备编号后,在绘制物理链接图时,为设备的端口编号,格式为"设备编号-端口类型-数字"。

②巡检维护

a. 路由器。每周检查工作内容:查看网络、CPU、内存使用情况,查看电源是否有电源告警,查看每一个端口的数据包转发情况,并记录。每周检查完毕后,需要和上周的记录数据进行对比。每两周对路由器的配置进行备份保存。

b. 交换机。交换机每周例行维护一次,查看网络、CPU、内存使用情况。交换机每周进行一次远程维护功能测试,每月对交换机的配置进行备份,备份配置保存格式同路由器的配置保存格式。

c. 防火墙。每周检查内容:查看每一个端口的数据包转发情况,并记录。需要和上周的记录数据进行对比。每两周对路由器的配置进行备份保存。

d. 防雷设备。定期检查维护避雷针、避雷线、三相电源避雷箱、避雷器等。每月检查各电缆是否有破损、各接线处是否有松动现象。加强雷电防护装置的安全技术检测,最大限度地减轻因雷电造成的损失。

e. 服务器。每周查看系统的运行日志,3 个月对系统备份一次,时间定在碎片整理和文件整理之后的 2～3 天内,使用 ghost 软件备份。建立系统补丁库,按操作系统分类,各补丁需要做一定的说明,包括用途、发布时间、更新时间等。病毒查杀的周期是每周一次,填写病毒查杀记录,包括感染了哪些病毒及处理情况。病毒库的更新周期不定,随着杀毒软件厂家的病毒库更新而更新,格式参照系统补丁表,每周进行一次漏洞扫描,每次故障维修需填写维修记录。

③故障维护

当路由器、交换机、防火墙、服务器、UPS 等出现故障时,及时对故障进行诊断分析,并填写相应的"故障诊断报告",根据故障现象整理排障方案并形成文档"系统维护和故障恢复的实施计划";根据故障的等级,技术人员最迟在 30 分钟内响应,3 小时内完成故障处理。

(2)支撑软件环境维护管理

软件环境维护管理包括对服务器中的操作系统、数据接收交换软件、数据库系统进行维护管理。每周检查工作内容:服务器操作系统环境检查、数据备份、数据库检查备份。当服务器操作系统、数据接收软件、数据库出现故障时，及时对故障进行诊断分析，并填写相应的"故障诊断报告"，根据故障现象整理排障方案并形成文档"系统维护和故障恢复的实施计划"；根据故障的等级，技术人员最迟在 30 分钟内响应。